东北地区跨省河流开发利用与水资源管理系列丛书

诺敏河流域
开发利用与水资源管理

主　编　陈　伟

副主编　贺石良　侯　琳

中国水利水电出版社
www.waterpub.com.cn
·北京·

内 容 提 要

本书是在《诺敏河流域综合规划》《诺敏河流域水量分配方案》《诺敏河水量调度方案》《诺敏河生态流量保障实施方案》的基础上编写而成，包括流域规划篇、水量分配方案篇、水量调度方案篇、生态流量保障实施方案篇，梳理了诺敏河流域发展现状和存在的问题，研究了流域经济与社会发展对水利的需求，通过完善流域防洪减灾、水资源配置、水生态环境保护、流域综合管理等体系，提出流域水利开发利用及水资源管理的总体布局，制定综合流域治理、开发方案。

本书可供水利（水务）、农业、城建、环境、国土资源、规划设计及相关部门的科研工作者、规划管理人员参考使用，也可供水文水资源、水利、生态、环境等相关专业的高等院校师生参考。

图书在版编目（CIP）数据

诺敏河流域开发利用与水资源管理 / 陈伟主编. --
北京 : 中国水利水电出版社, 2023.9
（东北地区跨省河流开发利用与水资源管理系列丛书）
ISBN 978-7-5226-1843-2

Ⅰ. ①诺… Ⅱ. ①陈… Ⅲ. ①流域—水资源管理—研究—东北地区 Ⅳ. ①TV213.4

中国国家版本馆CIP数据核字(2023)第192854号

书　　名	东北地区跨省河流开发利用与水资源管理系列丛书 **诺敏河流域开发利用与水资源管理** NUOMIN HE LIUYU KAIFA LIYONG YU SHUIZIYUAN GUANLI
作　　者	主　编　陈　伟 副主编　贺石良　侯　琳
出版发行	中国水利水电出版社 （北京市海淀区玉渊潭南路1号D座　100038） 网址：www.waterpub.com.cn E-mail：sales@mwr.gov.cn 电话：(010) 68545888（营销中心）
经　　售	北京科水图书销售有限公司 电话：(010) 68545874、63202643 全国各地新华书店和相关出版物销售网点
排　　版	中国水利水电出版社微机排版中心
印　　刷	涿州市星河印刷有限公司
规　　格	170mm×240mm　16开本　12.5印张　198千字
版　　次	2023年9月第1版　2023年9月第1次印刷
印　　数	001—600册
定　　价	**85.00**元

前言

诺敏河为嫩江右岸一级支流，发源于内蒙古鄂伦春自治旗，流域跨内蒙古自治区、黑龙江省，干流全长448km，流域面积27983km^2，多年平均水资源总量约53亿m^3。诺敏河流域地处大兴安岭东南麓，属东北地区生态安全重要保障区，是全国重要的粮食产区。随着流域经济社会的快速发展，流域保护、治理和开发还存在一些问题，突出表现为水资源保障能力不足、防洪体系不完善、水污染防治形势比较严峻、流域综合管理能力有待提升等。

依据《中华人民共和国水法》等法律法规，按照国务院关于开展流域综合规划编制工作的总体部署，水利部松辽水利委员会会同内蒙古自治区、黑龙江省有关部门，在调研查勘、分析研究、征求意见的基础上，编制完成了《诺敏河流域综合规划》（以下简称《规划》）。《规划》以习近平新时代中国特色社会主义思想为指导，坚持“节水优先、空间均衡、系统治理、两手发力”的治水思路，将流域保护与治理作为规划优先任务，研究提出了水资源节约、保护、开发、利用和防治水害的总体部署，明确了2030年规划目标指标和主要任务，为今后一个时期流域保护治理提供重要依据。在流域规划的基础上，水利部松辽水利委员会组织编制完成了《诺敏河流域水量分配方案》《诺敏河水量调度方案》《诺敏河生态流量保障实施方案》等成果。

本书由流域规划篇、水量分配方案篇、水量调度方案篇、生态流量保障实施方案篇四部分组成，共十三章。全书由陈伟、贺石良、侯琳统稿，其中陈伟、侯琳编写第1章、第3章、第4章，贺石良编写第2章、第12章，崔亚锋编写第5章、第10章，侯琳编写第6～7章，黄鹤编写第8～9章，甲宗霞编写第11章、第13章，崔丽艳编写第12章。

本书在编写过程中得到费丽春教授的详细指导，在此特别表示感谢！在编写过程中难免会存在疏漏与不足，欢迎各位读者指正。

编者

2023年5月

目录

水量分配方案篇

水量调度方案篇

生态流量保障实施方案篇

流域规划篇

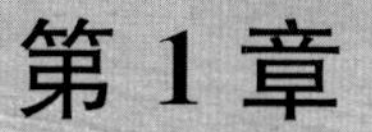

第1章 总论

1.1 流域概况

1.1.1 自然地理

诺敏河是嫩江中游右岸汇入的一级支流，发源于内蒙古自治区鄂伦春自治旗（以下简称鄂旗）托扎敏乡大兴安岭支脉西尼气山东南麓，河流全长448km，河道平均比降2.58‰，上中游流经内蒙古自治区呼伦贝尔市，下游进入黑龙江省齐齐哈尔市，在黑龙江省查哈阳灌区渠首以上河流分为东、西诺敏河，分别在内蒙古自治区莫力达瓦达斡尔族自治旗（以下简称莫旗）博荣乡以东4.5km处和黑龙江省甘南县东阳镇南5.16km处汇入嫩江。诺敏河流域位于东经121°45′～124°35′、北纬48°00′～50°30′之间，北部与甘河流域相邻，南部与阿伦河流域相邻。行政区涉及内蒙古、黑龙江两省（自治区），流域面积27983km^2，其中内蒙古自治区境内流域面积为27069km^2，占流域总面积的96.7%；黑龙江省境内流域面积为914km^2，占流域总面积的3.3%。

诺敏河河道弯曲，支流发育，流域面积大于100km^2的支流有27条，流域面积大于1000km^2的支流有5条，分别为毕拉河、格尼河、讷门河、扎文河、托河。

诺敏河流域地势西北高、东南低。西部、西北部地势陡峻，岭高谷深，海拔为900～1000m。在流域南部、诺敏河出口处，过渡为松嫩平原区，属山前冲积倾斜平原，高程200m左右。流域山地面积占总面积的90%以上。流域地貌类型主要分布有构造剥蚀、侵蚀构造和侵蚀堆积地貌。

流域土壤类型共分为6类，分别是棕色针叶林土、暗棕壤土、黑土、黑钙土、草甸土和沼泽土等。流域总体植被覆盖率为73%，中上游天然覆盖率高，下游农区坡耕地较多。

诺敏河流域天然植被繁盛，动植物物种多，沿江湿地分布较广，沿岸浅水区域及河漫滩生长有大量的芦苇等挺水植物，水中浮游动物及藻类较多，是我国冷水性鱼类的主要分布区域，有土著鱼类46种、冷水性鱼类12种、特有鱼类3种、珍稀濒危保护鱼类5种。

1.1.2 气象水文

1.1.2.1 气象

诺敏河流域处于寒温带大陆性半湿润气候区，春季干燥多风，夏季湿热多雨，秋季凉爽、历时短且早晚温差大，冬季寒冷干燥、历时长。多年平均气温为－1.5～2.0℃，风速为3.0m/s，日照时数达2738.6h，无霜期为100天左右。

流域年均降水量为491.3mm，主要集中在6—9月，占全年的81.6%。降水量年际变化较大，最大年降水量为959.4mm（1998年），最小年降水量为291.5mm（1976年）。年均蒸发量为1452.3mm。径流量主要集中在汛期（6—9月），占年总径流量的70%以上。

1.1.2.2 水资源量

诺敏河流域多年平均地表水资源量为51.94亿m^3，地下水资源量为10.43亿m^3，不重复量为1.20亿m^3，水资源总量为53.14亿m^3。

1.1.2.3 暴雨洪水

流域暴雨主要集中于7—8月，形成原因主要是受天气系统低压影响，暴雨过程多在3天左右。诺敏河属山区性河流，洪水涨率大，洪峰持续时间短，一次洪水历时一般为20～30天，洪量主要集中在15天内。

1.1.2.4 泥沙

诺敏河流域植被条件良好，河流含沙量少，是多水少沙河流。根据古城子水文站1961—2008年泥沙资料系列，古城子水文站多年平均年输沙量为54.7万t，年最大输沙量为577万t（1998年）。

1.1.3 经济社会概况

诺敏河流域涉及内蒙古自治区呼伦贝尔市和黑龙江省齐齐哈尔市。2017年（现状年）全流域总人口34.36万人，其中城镇人口7.58万人，农村人口26.78万人。国内生产总值135.02亿元。流域以农牧业为主，为内蒙古自治区、黑龙江省及全国重要的粮食产区和商品粮基地之一。现状年耕地面积467万亩，主要粮食作物有水稻、玉米和大豆等，粮食总产量127万t，大小牲畜155.15万头。流域内森林资源丰富，是大兴安岭的重要林业基地。

1.1.4 水利发展状况

截至2017年，流域堤防总长139.65km；中小型水库4座［小（1）型以上］，总库容4868万m^3，兴利库容1099万m^3，供水能力0.14亿m^3；流域内引水工程8处，其中内蒙古自治区引水工程7处，引水规模9.5～12.88m^3/s，供水能力2.8亿m^3；黑龙江省引水工程1处，为查哈阳大型灌区进水闸，设计引水流量62m^3/s，供水能力7.68亿m^3。农田有效灌溉面积106.38万亩。诺敏河流域已建水库主要特征值见表1.1-1。

1. 防洪

诺敏河防洪主要依靠堤防，无水库承担防洪任务。诺敏河干流和支流格尼河堤防总长139.65km，其中诺敏河干流堤防长度106.03km，格尼河堤防长度33.62km。诺敏河干流内蒙古自治区境内堤防现状防洪能力大部分为20年一遇，黑龙江省境内堤防现状防洪能力为10～15年一遇，支流格尼河堤防现状防洪能力大部分为10年一遇。

2. 水资源利用

现状诺敏河流域总供水量8.80亿m^3（含外流域调入水量0.13亿m^3），全流域水资源开发利用程度为16.3%，分省（自治区）不同水源供水量见表 1.1-2。

表 1.1-1　　诺敏河流域已建水库主要特征值

水库名称	所在河流	市（县、旗）	工程任务	集水面积/km^2	总库容/万 m^3	兴利库容/万 m^3	工程规模
新发水库	西瓦尔图河	莫旗	灌溉为主，兼顾防洪、养鱼	698	3808	526	中型
永安水库			灌溉为主，兼顾养鱼	203	800	443	小（1）型
巨泉山水库	格尼河巨泉山沟		灌溉为主，兼顾养鱼	70	110	60	小（1）型
四合水库	萨里沟	阿荣旗	灌溉为主，兼顾养鱼	23	150	70	小（1）型

表 1.1-2　　现状分水源供水量　　单位：万 m^3

省（自治区）	地表水	地下水	总供水量
内蒙古	28511	6680	35191
黑龙江	48491	2983	51474
诺敏河流域	77002	9663	86665

现状总用水量 8.80 亿 m^3（包含利用外流域调入水量 0.13 亿 m^3），农业用水占总用水的 97.5%。省（自治区）现状分行业用水情况见表 1.1-3。

表 1.1-3　　现状分行业用水量　　单位：万 m^3

省（自治区）	生活			生产			合计
	城镇	农村	小计	城镇	农村	小计	
内蒙古	177	434	611	1036	33543	34579	35190
黑龙江	85	157	242	272	52260	52532	52774
诺敏河流域	262	591	853	1309	85803	87111	87964

现状流域耕地面积为 467 万亩，农田有效灌溉面积 106.38 万亩，灌区主要有查哈阳、团结、汉古尔河等。

3. 水资源及水生态保护

划分流域重要江河湖泊一级水功能区 7 个，二级水功能区 3 个；省级一级水功能区 5 个，二级水功能区 2 个。开展了诺敏河流域水质监测工作。

4. 水土保持

流域总体植被覆盖率较高。根据 2018 年全国水土流失动态监测成果，流域水土流失面积 2643km^2，占流域面积的 8.8%，主要集中在坡耕地和稀疏草地上。

5. 流域管理

流域依法管水取得有效进展，全面推行河长制湖长制，依法实施取水许可、洪水影响评价等制度，强化河道管理范围内建设项目的管理，水行政执法监督不断增强，水利工程管理体制改革积极推进。

1.1.5 面临的形势

1. 保障粮食安全对水资源保障提出新要求

诺敏河流域是东北地区重要粮食产区和商品粮生产基地，耕地灌溉率仅为 22.8%，远低于全国的平均水平，灌溉面积发展缓慢。诺敏河下游左岸内蒙古自治区的团结灌区、汉古尔河灌区与右岸黑龙江省的查哈阳灌区在灌溉期 5—6 月用水矛盾突出，曾多次发生纠纷。

现状灌溉用水以直接从河道引提水为主，缺乏对地表水进行调蓄的水利工程，工程性缺水已成为经济社会发展的直接制约因素，特别是随着灌溉面积的扩大，用水量进一步增加，省（自治区）间用水矛盾将更加突出。要保证国家粮食安全，需要提高水资源综合调蓄能力，加强农田水利基础设施建设，扩大、改造灌溉面积，提高耕地灌溉率，提高农业供水的保障能力。

2. 经济社会发展对防洪安全提出新要求

流域防洪工程现状以堤防为主，缺少大中型控制性水利枢纽；部分已建堤防未达标，堤防迎水坡除少数有护坡外仍是自然状态；堤段不连贯，多数保护区堤防不封闭，甚至存在无堤段；山洪沟缺乏治理，山洪灾害频发。随着流域内城镇化进程加快，经济总量进一步扩大，居民生活水平逐年提高，防洪保安要求越来越高。

3. 生态文明建设对水生态保护与恢复提出新要求

农田灌溉产生的面源污染对河流水质构成威胁，部分城镇污水未达标排放，局部水生态环境破坏，渔业资源退化。虽然流域内开展了一系列治理措施，但局部地区仍不能满足管理目标要求。为改善流域内水生态环境质量，维护流域生态系统健康和可持续，需要进一步加强流域水生态保护和修复。

4. 水利行业强监管对流域管理提出新要求

流域跨地区跨部门协调机制尚不完善，流域管理机构在流域管理中的职责相对单一，水资源监管、河湖监管、水土保持监管、水旱灾害防御监管、水利工程运行监管等方面存在不足，水利工程维修养护没有建立完善的保障机制。要认真落实水利改革发展总基调，全面推进落实河长制湖长制，及时发现解决水资源、河湖、水土保持、水旱灾害防御和水利工程建设运行管理等方面存在的问题，着力推进水权、水价、水利投融资等重要领域和关键环节的改革攻坚。

1.2 总体规划

1.2.1 规划原则及目标

1.2.1.1 指导思想

以习近平新时代中国特色社会主义思想为指导，坚持“节水优先、空间均衡、系统治理、两手发力”的治水思路，将流域保护与治理作为规划优先任务，全面建设节水型社会，加强水资源保护、水生态修复和水环境治理，增强城乡供水保障能力，进一步完善防洪减灾体系，强化流域综合管理，着力保障流域供水安全、防洪安全和生态安全。

1.2.1.2 规划原则

1. 坚持以人为本、改善民生

牢固树立以人民为中心的发展思想，从满足人民日益增长的美好生活需要出发，着力解决人民群众最关心、最直接、最现实的防洪、供水、水生态环境等问题，提升水安全公共服务均等化水平，不断增强人民群众的获得感、安全感，让诺敏河成为造福人民的幸福河，增进民生福祉。

2. 坚持生态保护优先、节水优先

践行绿水青山就是金山银山的理念，尊重自然、顺应自然、保护自然，正确处理好保护与开发的关系，严守生态红线，按照“确有需要、生态安全、可以持续”的要求，科学有序地开发利用水资源。加强水资源节约保护，把水资源作为先导性、控制性和约束性的要素，约束和规范各类水事行为，实现流域经济社会与生态环境和谐发展。

3. 坚持依法治水、改革创新

切实履行各级水行政管理职责，加快完善水法规体系，加强水行政执法监督，强化涉水事务依法管理和公共服务能力。深化重点领域改革，建立健全流域管理与区域管理相结合的各项流域管理制度，逐步完善流域议事决策和高效执行机制。

4. 坚持统筹兼顾、尊重历史

统筹流域上下游、左右岸、各行业综合需求，促进流域区域水利协调发展。尊重历史、立足现状，遵循已有的分水协议，公平、公正地进行水资源配置，兼顾各方水资源权益，合理开发、高效利用水土资源。

1.2.1.3 规划范围、水平年及目标

1. 规划范围

规划范围为诺敏河流域，总面积 27983km^2，行政区划涉及内蒙古自治区呼伦贝尔市和黑龙江省齐齐哈尔市。

2. 规划水平年

现状年为 2017 年，规划水平年为 2030 年。

3. 规划主要目标

(1) 防洪减灾。形成比较完整的防洪减灾体系，干流及支流格尼河防洪保护区达到规划的防洪标准：诺敏河干流毕拉河口以上防洪标准达到 10 年一遇，毕拉河口以下防洪标准达到 20 年一遇，支流格尼河防洪标准达到 10 年一遇；全面完成山洪灾害易发区 24 条山洪沟治理工程。

(2) 水资源开发利用。建成完善的水资源合理配置和高效利用体系，城乡供水保证率和应急供水能力进一步提高，农村饮水安全保障程度持续提升，万元国内生产总值和万元工业增加值用水量进一步降低。

（3）资源及水生态保护。江河湖库水功能区基本实现达标，水功能区水质达标率提高到95%以上，加强重点生态保护与水源涵养保障区生态环境保护、水源涵养和水土流失防治，强化水生态修复和水污染防治，维系流域良好的水生态环境，建立完善的水资源保护和河湖健康保障体系。

（4）水土保持。建成与流域经济社会发展相适应的水土流失综合防治体系，流域新增水土流失综合防治面积2093km²，中度及以上侵蚀面积大幅减少，耕地和黑土资源得到有效保护，流域水源涵蓄能力明显提高。

（5）流域综合管理。完善流域管理与区域管理相结合的体制和机制，建立各方参与、民主协调、科学决策、分工负责的流域议事决策和高效执行机制，加强流域管理能力建设，提高水行政执法、监督监测和信息发布能力。

1.2.2 主要控制指标

针对流域治理开发与保护的任务，考虑维护河流健康的要求，规划确定用水总量指标、最小生态流量指标、用水效率指标和重要断面水质控制目标等为主要控制指标。

1.2.2.1 用水总量指标

《诺敏河流域水量分配方案》已获水利部批复，共分配地表水量8.36亿m³，本次将流域水量分配方案作为地表水用水量上限，同时规划2030水平年地下水配置为0.67亿m³，外流域调入水量为1.73亿m³，共计10.76亿m³。分省（自治区）用水总量指标见表1.2-1。

表1.2-1 分省（自治区）用水总量指标 单位：亿m³

省（自治区）	2030年	省（自治区）	2030年
内蒙古	5.38	诺敏河流域	10.76
黑龙江	5.38		

1.2.2.2 最小生态流量指标

河道内最小生态流量是指能够保证水体的基本功能，维持水体生态情况不持续恶化所需要的最小流量。诺敏河流域选取的主要控制节点有格尼、小二沟和古城子断面。按照 Q_p 法、Tennant 法分别计算最小生态流量，合理选取计算成果。控制节点最小生态流量指标见表 1.2-2。断面生态流量根据有关生态流量的标准和有关研究成果，适时优化调整。

表 1.2-2　　控制节点最小生态流量指标　　单位：m^3/s

河流	节点名称	非汛期		汛期（6—9月）
		冰冻期（12月至次年3月）	非冰冻期（4—5月，10—11月）	
格尼河	格尼	0.04	2.98	8.95
诺敏河	小二沟	2.22	18.63	32.31
	古城子	2.65	31.28	46.92

1.2.2.3　用水效率指标

（1）农业。通过灌区节水改造等措施，提高水资源的利用效率和效益。流域 2030 年内蒙古自治区和黑龙江省农田灌溉水有效利用系数均不低于 0.61。

（2）工业。流域 2030 年一般万元工业增加值用水量不高于 $22m^3$，管网综合漏损率不高于 9%。

1.2.2.4　重要断面水质控制目标

2030 年重要水功能区水质达标率 95%，流域重要断面规划水平年水质控制目标见表 1.2-3。规划期内，若水功能区、控制断面及其目标发生调整，相关指标按照新要求执行。

表 1.2-3　　流域重要断面规划水平年水质控制目标

断面名称	所在水功能区	断面功能	水质控制目标
古城子	诺敏河蒙黑缓冲区	控制诺敏河经内蒙古自治区入黑龙江省界前水质	Ⅲ
萨马街	诺敏河蒙黑缓冲区	控制诺敏河入嫩江干流前水质	Ⅲ

1.2.3 总体规划方案

1.2.3.1 规划任务

规划以提高洪水防御能力、合理配置水资源、有效保护水资源及水生态为重点，建立完善流域水安全保障体系。

1. 水资源开发利用

诺敏河流域水土资源丰富，但由于缺乏调蓄工程，满足不了下游用水要求，在提高用水效率的基础上，规划建设毕拉河口、晓奇子等大中型水库，提高水资源调控能力，保障下游生活、生产、生态用水。加快实施灌区续建配套与节水改造，完善灌排体系建设。

2. 防洪减灾

干流堤防和毕拉河口水库构成诺敏河干流防洪工程体系，支流格尼河堤防和晓奇子水库构成支流格尼河防洪工程体系。

3. 水资源与水生态保护

以水资源配置方案和重要断面规划水平年水质控制目标为约束，严格限制污染物排放量，积极采取生态保护治理措施，逐步实现地表水功能区水质目标和水源地水质目标。

4. 水土流失防治

以保护耕地和黑土资源、保护森林植被为目标，建立水土流失综合防治体系，针对不同水土流失类型区进行规划布局，以坡耕地治理、山洪沟治理为重点，因地制宜地进行分期防治。

5. 流域综合管理

推动流域管理法律法规的制定，进一步完善流域水法规体系。逐步理顺流域管理与区域管理相结合的水资源管理体制和机制。建立和完善流域水利规划、防洪减灾、水资源开发利用、水土保持、水资源与水生态保护等管理制度。完善涉水事务的社会管理和公共服务体系，提高应对水利突发公共事件的能力。建立流域综合管理平台，加强流域治理重大问题研究。

1.2.3.2 分区布局

1. 毕拉河口水库以上

毕拉河口水库以上均处于大兴安岭山区，流域植被繁茂、河网发育，森林资源、水力资源丰富，林草地面积占总土地面积的90%以上，是河流源头区。该区宜以维护生态、涵养水源为主，预防水土流失，加强林区天然林保护与管理；根据经济社会发展要求，合理合规开发利用水资源。

2. 毕拉河口水库以下

毕拉河口水库以下由低山丘陵地带逐渐过渡为松嫩平原，农区逐渐由坡耕地转变为开阔的农田区，应通过建设水资源调蓄工程提高耕地灌溉率、增加粮食产量，保障城乡供水和农村饮水安全，结合堤防工程达标建设、新建堤防工程等措施，对下游区域进行重点保护。逐步开展控制面源污染等保护措施，严格限制污染物排放，保证河流基本生态需水量，维持河流水质稳定。该区水土保持以坡耕地治理、山洪沟治理为重点，因地制宜地做好水土流失防治工作。

1.2.4 主要水利工程规划

流域规划的大、中型水库各1座，分别为毕拉河口水库与晓奇子水库。

1.2.4.1 毕拉河口水库

毕拉河口水库位于内蒙古自治区呼伦贝尔市鄂旗境内诺敏河干流中游，坝址位于一级支流毕拉河入河口下游200m处，坝址以上流域面积1.67万km^2，多年平均年径流量33.97亿m^3。毕拉河口水库是诺敏河流域控制性的骨干工程，也是《松花江流域防洪规划》《松花江流域综合规划（2012—2030年）》中规划的松花江流域大型水库工程之一。

《松花江流域防洪规划》《松花江流域综合规划（2012—2030年）》均提出，嫩江防洪任务由尼尔基水库加堤防承担，同时要考虑文得根、毕拉河口水库对嫩江干流洪水的错峰作用。尼尔基水库承担齐齐哈尔以上20～50年一遇的防洪任务，并可将齐齐哈尔以下防洪标准由35年一遇提高到50年一遇，同时还需由毕拉河口、文得根水库承担部分错峰任务。

规划初步拟定毕拉河口水库的主要任务为防洪、灌溉、工业供水、发电、生态。下阶段应结合经济社会发展需求，进一步研究确定毕拉河口水库的功能定位、建设必要性和建设规模，并结合自然保护地体系建立和功能优化调整，做好环境合理性的分析论证，确保工程布局符合生态保护红线管控和自然保护地管理要求。

1.2.4.2 晓奇子水库

晓奇子水库位于诺敏河的一级支流格尼河中上游，阿荣旗得力其尔境内，在阿荣旗人民政府所在地那吉镇北 105km 处，距得力其尔北 50km。坝址以上流域面积 1990km^2，占格尼河流域的 40.5%，多年平均流量 11.54m^3/s，年径流量 3.64 亿 m^3。

2012 年 2 月内蒙古自治区水利水电勘测设计院完成了《晓奇子水利枢纽项目建议书》，根据松辽水利委员会 2013 年 3 月以〔2013〕53 号文件提出的审核意见，晓奇子水库的任务是以灌溉、防洪为主，兼顾发电等综合利用，水库兴利库容 2865 万 m^3，防洪库容 599 万 m^3，总库容 9347 万 m^3。水库建成后，为下游 31.24 万亩水田、水浇地（其中水田 7.71 万亩）提供灌溉供水，农田设计灌溉保证率为 75%，水库多年平均供水量 2379 万 m^3，可将下游保护区防洪标准由 10 年一遇提高到 15 年一遇。

第2章

流 域 规 划

2.1 防洪减灾

2.1.1 洪涝灾害

诺敏河流域从新中国成立以后到2000年前出现3次大洪水及特大洪水，古城子水文站洪峰流量：1969年8月13日最大流量3860m^3/s，1998年8月11日最大流量7740m^3/s，2013年8月13日最大流量2160m^3/s。

1969年大洪水中有7587人受灾，水利工程、交通、厂矿企业等直接经济损失1998万元。

1998年嫩江特大洪水，诺敏河流域发生内涝，得力其尔累计4.5万亩农田受淹。格尼河受灾最为严重，洪水冲倒房屋932间，淹没耕地7.4万亩，直接经济损失达6452万元。

2013年洪水，鄂伦春旗托扎敏乡与龙头村沿河居民家中进水，耕地绝收，水灾造成直接经济损失6953万元，其中农业损失6108万元。

2.1.2 干支流防洪

2.1.2.1 防洪工程现状

截至2017年，流域干支流共建有堤防15处，主要分布在诺敏河干流和支流格尼河上，堤防总长139.65km。其中，诺敏河干流堤防长

106.03km，支流格尼河堤防长 33.62km。干流堤防达标长度 72.29km，达标率 68.2%；支流堤防达标长度 28.96km，达标率为 86.1%。现状堤防防洪能力 10～20 年一遇。

诺敏河流域主要河段堤防现状情况统计详见表 2.1-1。

表 2.1-1　诺敏河流域主要河段堤防现状情况统计

河流	市（县、旗）	堤段	现状防洪能力（重现期）/年	堤防长度/km	
				现状长度	达标长度
诺敏河干流	鄂旗	小二沟堤防	20	6	6
	莫旗	阿兴干渠堤防	10	9.4	0
		阿兴堤防	20	20.9	20.9
		杜拉尔堤防	20	3	3
		乌尔科堤防	20	6.3	6.3
		兴仁堤防	20	1.95	1.95
		东诺敏河堤防	20	11.4	11.4
		西诺敏河堤防	20	20.31	20.31
	齐齐哈尔市	查哈阳堤防（包括甘南段）	10～15	26.77	2.43
	小　计			106.03	72.29
格尼河	阿荣旗	兴安堤防	3～5	4.66	0
		六家子堤防	20	4.2	4.2
		得力其尔堤防	20	2.8	2.8
		得亚堤防	10	14.9	14.9
		后边家屯堤防	20	4.96	4.96
		亚东镇堤防	20	2.1	2.1
	小　计			33.62	28.96
诺敏河流域				139.65	101.25

2.1.2.2　防洪规划

1. 防洪标准

诺敏河干流及支流堤防保护对象主要是规模较小的乡镇、村屯、灌区等农村防护区，城镇段不单独列出。根据防洪保护区的重要程度和《防洪标准》（GB 50201—2014），确定乡镇、重要村屯和面积较大农田的防洪标准采用20～30年一遇，一般村屯和农田的防洪标准可采用10～20年一遇，具体见表2.1-2。

表2.1-2　规划防洪保护区指标及规划堤防防洪标准

市（县、旗）	保护区	河流岸别	保护人口/万人	保护面积/万亩	保护耕地/万亩	规划堤长/km	堤防防洪标准（重现期）/年
鄂旗	小二沟	诺敏河左岸	1	16.05	6	6.00	20
	托扎敏	诺敏河左岸	0.19	13.95	3	1.00	10
阿荣旗	马河	格尼河左岸	0.01	0.04	0.01	0.99	10
	亚东镇	格尼河右岸	1.8	10.05	0	2.10	10
	山里屯	格尼河左岸	0.3	4.35	1.5	1.58	10
	得力其尔	格尼河左岸	1.65	21.15	4.95	17.70	10
	六家子	格尼河左岸	0.3	25.05	1.35	4.20	10
	后边家屯	格尼河右岸	0.55	19.95	0.6	4.96	10
	兴安	格尼河右岸	3.19	24	1.35	13.46	10
莫旗	库如奇	诺敏河左岸	0.15	10.05	0.45	5.70	20
	阿兴	诺敏河左岸	0.63	187.95	10.55	32.86	20
	宝山	诺敏河右岸	0.03	0.04	0.01	0.97	20
	兴仁	诺敏河左岸	0.8	60	2.6	14.51	20
	杜拉尔	诺敏河右岸	0.65	116.4	5.85	3.00	20
甘南县	甘南段（不含城镇）	诺敏河右岸	6.05	69	48.3	27.27	20
诺敏河流域			17.3	578.03	86.52	136.30	

注：表中未包含原有已达标的乌尔科堤防和东、西诺敏河堤防，总长度为38.01km。

2. 总体布局

诺敏河流域仅有干流和支流格尼河规划建设防洪工程。干流堤防和毕拉河口水库构成诺敏河干流防洪工程体系，支流格尼河堤防和晓奇子水库构成支流格尼河防洪体系。毕拉河、讷门河、扎文河、托河位于流域上游山区，森林繁茂，人烟稀少，没有防洪保护要求。

规划诺敏河干流毕拉河口水库以上防洪保护区防洪标准为10年一遇，以下防洪标准为20年一遇；规划格尼河晓奇子水库下游防洪保护区防洪标准为10年一遇。待毕拉河口和晓奇子水库建成后，进一步提高下游的防洪标准。

3. 工程规划

(1) 堤防。诺敏河流域堤防工程规划包括新建堤防和整修加固堤防等。规划堤防21段，总长度174.31km，其中原有已达标堤防101.25km，新建堤防34.66km，加高培厚堤防38.4km。诺敏河流域各段堤防工程规划长度见表2.1-3。

表2.1-3　诺敏河流域各段堤防工程规划长度　单位：km

序号	堤段名称	市（县、旗）	合计	其中		
				新建	原有已达标	加高培厚
一	诺敏河干流	小计	129.32	23.29	72.29	33.74
1	小二沟堤防	鄂旗	6		6	
2	托扎敏镇堤防		1	1		
3	库如奇堤防	莫旗	5.7	5.7		
4	杜拉尔堤防		3		3	
5	阿兴干渠堤防		11.96	2.56		9.4
6	阿兴堤防		20.9		20.9	
7	宝山堤防		0.97	0.97		
8	乌尔科堤防		6.3		6.3	
9	兴仁堤防		14.51	12.56	1.95	
10	东诺敏河堤防		11.4		11.4	
11	西诺敏河堤防		20.31		20.31	
12	查哈阳农场堤防	甘南县	1.6			1.6
13	甘南堤防		25.67	0.5	2.43	22.74

续表

序号	堤段名称	市（县、旗）	合计	其中		
				新建	原有已达标	加高培厚
二	格尼河	小计	44.99	11.37	28.96	4.66
1	马河堤防	阿荣旗	0.99	0.99		
2	山里屯堤防		1.58	1.58		
3	亚东镇堤防		2.1		2.1	
4	兴安堤防		13.46	8.8	0	4.66
5	得力其尔堤防		2.8		2.8	
6	得亚堤防		14.9		14.9	
7	六家子堤防		4.2		4.2	
8	后边家屯堤防		4.96		4.96	
诺敏河流域			174.31	34.66	101.25	38.4

（2）水库。规划承担防洪任务的大、中型水库各1座，分别为毕拉河口水库与晓奇子水库。毕拉河口水库将下游防洪保护对象的防洪标准由20年一遇提高到30年一遇，防洪库容2.68亿m^3。晓奇子水库将下游防洪工程防洪标准由10年一遇提高到15年一遇，防洪库容0.06亿m^3。

（3）河道整治。诺敏河干流有河道险工26098m，其中内蒙古自治区境内江段有河道险工7处，总长17413m；黑龙江省江段有河道险工15处，总长8685m。支流格尼河有河道险工4处，总长11916m，全部位于内蒙古自治区境内。

根据险工情况，规划护岸工程26处，全长38014m，各护岸段位置及情况表2.1-4。

表2.1-4　　　　规划护岸工程统计

序号	旗（县）	险工名称	岸别	长度/m
1	鄂旗	诺敏农场	左	3200
2		小二沟	左	3700

续表

序号	旗（县）	险工名称	岸别	长度/m
3	莫旗	杜拉尔	右	2000
4		阿兴	左	2051
5		西诺敏河	左	1462
6		东诺敏河	左	3000
7		乌尔科	左	2000
8	甘南县	查哈阳护岸	右	955
9		上靠山屯护岸	右	507
10		下靠山屯护岸	右	224
11		曙光护岸	右	476
12		蘑菇浅护岸	右	509
13		齐查路护岸	右	165
14		黎明村护岸	右	493
15		夏家屯护岸	右	421
16		四撮房护岸	右	929
17		宏光护岸	右	350
18		靠江屯护岸	右	890
19	甘南县	平阳镇护岸	右	550
20		牧养场护岸	右	750
21		刘殿礼屯护岸	右	980
22		杨马架屯护岸	右	486
诺敏河干流小计				26098
23	阿旗	乔家屯	右	800
24		得力其尔	左	2983
25		得亚	左	4306
26		兴安	右	3827
支流格尼河小计				11916
诺敏河流域				38014

（4）非工程措施。主要包括防洪区管理、流域洪水调度方案与工程管理、防汛抗旱信息采集系统、制定超标准洪水预案等四个方面的内容。

1）防洪区管理。包括社会管理和洪灾风险管理。社会管理主要为对防洪区内的单位和居民加强防洪教育，普及防洪知识，提高水患意识，依照《中华人民共和国防洪法》的相关规定，规范防洪区各类经济社会活动。洪灾风险管理主要为加强防洪区风险评价分析，建立洪水风险预警预报系统；建立完善洪水风险分担、转移的社会化保障机制，逐步实施洪水保险制度。

2）流域洪水调度方案与工程管理。现状主要加强堤防与河道工程的管理，待规划的有防洪任务的毕拉河口、晓奇子水库实施后，应根据承担的防洪任务，制定合理可行的调度规则，保证流域防洪安全。

3）防汛抗旱信息采集系统。建成覆盖流域重点防洪地区且高效可靠、先进实用的防汛抗旱信息采集系统，及时准确提供防汛信息，为洪水预报、防洪调度及抗洪抢险决策提供科学依据。

4）制定超标准洪水预案。主要内容包括洪水调度方案、防洪工程抢险方案、重要设施设备避险方案，人员撤离的组织、路线、安置方案以及各方案启用的条件。

2.1.3 中小河流治理

本书中小河流是指除诺敏河干流和主要支流格尼河之外的面积在200～3000km^2的河流。

2.1.3.1 中小河流现状

流域中小河流绝大多数河段处于无设防状态，大部分乡镇河段现状防洪能力不足5年一遇。

2.1.3.2 治理标准

治理标准根据防洪安全的要求，按《防洪标准》（GB 50201—2014）的规定，考虑防护区人口和耕地面积指标确定。中小河流治理工程保护对象主要为城镇和农田，且保护区内人口均在20万人以下，耕地面积均不足30万亩，治理工程防洪标准确定为10～20年一遇。

2.1.3.3 治理规划

诺敏河流域中小河流治理规划工程共12项，全部在内蒙古自治区境内。新建堤防护岸工程总长度109.1km。堤防建设不能缩窄河道，工程尽量采用生态防护措施。中小河流治理规划堤防护岸工程基本情况见表2.1-5。

表2.1-5　中小河流治理规划堤防护岸工程基本情况

市（县、旗）	序号	所在河流	流域面积/km^2	新建堤防及护岸长度/km
鄂旗	1	大二沟河	528	2.2
莫旗	2	西宝山河	200	9.6
	3	贾气口子河	200	0.9
	4	喀呀山洪沟	210	1.2
	5	初鲁格奇河	224	2.4
	6	新肯布拉布	200	2.4
	7	永发沟	230	9.8
	8	西瓦尔图河	322	19.4
阿荣旗	9	乌尔汇河	340	17.5
	10	羊鼻子沟	354	15
	11	黄蒿沟	436	4.3
	12	沙力沟	647	24.4
诺敏河流域			3891	109.1

2.1.4 山洪灾害防治

2.1.4.1 山洪灾害概况

诺敏河流域内蒙古自治区地处山区，现有山洪沟24条，均未经治理，山洪灾害频发。2001—2011年流域内24条山洪沟共冲毁房屋约924间，淹没农田近220万亩，累计造成经济损失约5.7亿元。黑龙江省地处诺敏河流域下游平原区，没有山洪灾害问题。

2.1.4.2 规划内容及措施

流域内山洪主要类型为暴雨山洪，在强暴雨作用下，雨水迅速由坡面向沟谷汇集，形成强大的洪水冲出山谷。山洪灾害防治以非工程措施为主、非工程措施与工程措施相结合。按照地域划分，共有2个规划区，分别为阿荣旗和莫旗。

1. 工程措施

（1）堤防工程。在山洪易发区及其上游地区无修建水库条件，或虽建有水库尚不能有效控制山洪的区域，结合当地地形条件修筑堤防，提高防护区的抗洪能力。堤防保护对象主要是城镇、乡镇、村屯等人口集中区域，或区域内有铁路、公路及其他重要设施的区域及大片农田等。对零散居住在山洪灾害高风险区、易发区的居民，主要采取避灾或躲灾等非工程措施。

（2）坡水处理及排洪渠道。在山洪易发区内，有一些灾害并非河流主沟道造成，而是由于一些小的支沟或坡水造成。这类灾害的特点是无固定河床宣泄洪水，流域遭遇暴雨时，洪水或坡水漫散，急速下泄，给山坡下的乡村、农田或下游城镇造成严重危害。对这类灾害除了采取水土保持工程措施治理外，主要在山脚处修建坡水截流沟或排洪渠道，将坡洪导入截流沟或排洪渠内后安全泄入河道，保护城镇、乡村居民和农田。规划治理山洪沟基本情况见表2.1-6。

表2.1-6 规划治理山洪沟基本情况

所在位置		序号	山洪沟名称	流域面积/km²	沟长/km	治理措施
市（县、旗）	乡镇					
阿荣旗	亚东镇	1	太平庄东兴沟	40	10	堤防
	得力其尔乡	2	得力其尔东北沟	35	8	排洪渠
	亚东镇	3	太平庄沟	30	7	排洪渠
	六合镇	4	孤山子沟	30	7	排洪渠
莫旗	宝山	5	五家子北沟	67	15	堤防
	库如奇	6	稀热奇肯沟	71	11.5	护岸
	库如奇	7	大库如奇沟	134	23.8	护岸

续表

所在位置		序号	山洪沟名称	流域面积/km^2	沟长/km	治理措施
市（县、旗）	乡镇					
莫旗	杜拉尔	8	大海尔堤沟	65	14	堤防
	库如奇	9	莫力达瓦山南沟	49	10	排洪渠
	杜拉尔	10	小海尔堤沟	42	13	排洪渠
	库如奇	11	布坤浅库如奇沟	94	15	排洪渠
	杜拉尔	12	甘楞河	125	16	排洪渠
	库如奇	13	红库鲁花尔嘎沟	52	9	排洪渠
	库如奇	14	楚鲁库奇阿拉罕沟	98	15	排洪渠
	杜拉尔	15	前沃尔奇沟	98	14	排洪渠
	阿尔拉	16	喀牙都尔本沟	103	12.5	排洪渠
	杜拉尔	17	扎格达其沟	112	16	排洪渠
	坤密尔堤	18	桦树沟	116	25	排洪渠
	坤密尔堤	19	考堤尔堤道沟	38	9	排洪渠
	西瓦尔图	20	牙图花尔嘎沟	45	19	护岸
	西瓦尔图	21	卓罗尼道河	39	10	护岸
	西瓦尔图	22	永安四组沟	30	7	堤防
	宝山	23	太平川	42	8	堤防
	尼尔基	24	后乌尔科沟	50	10	护岸
	合　计				304.8	

2. 非工程措施

非工程措施包括监测系统和群测群防体系、通信系统、预警预报系统建设等。山洪灾害监测站网主要以气象、水文、地质监测站为主，提高对灾害性天气的监测、预警和预报，全面系统监测山洪灾害防治区域的雨情、水情、泥石流等信息。通信系统主要是利用现有防汛无线系统、公用网有线和无线系统、有线和无线电台广播系统、公用网有线电话系统，为防汛指挥调度指令的下达、灾情信息的上传、灾情会商、山洪警报传输和信息反馈提供通信保障。预警预报系统是根据山洪灾害预报成果，为山洪灾害威胁区的城镇、乡村、居民点、学校、工矿企业等提供山洪灾害预防信息保障。

2.2 水资源供需分析与配置

2.2.1 水资源计算分区与水资源状况

2.2.1.1 水资源计算分区

以毕拉河口水库、古城子水文站以及支流格尼河、西瓦尔图河入干流河口为控制节点，将诺敏河流域从上到下分为6个水资源计算分区。

2.2.1.2 地表水资源量

1. 代表性分析

对诺敏河流域代表站古城子水文站降水和径流系列进行分析，见表2.2-1。降水和径流1956—2000年系列和1956—2013年系列的参数相近，C_v值基本相同，均值亦接近。由图2.2-1可知，1956—2000年径流系列包含了最枯水年和最丰水年，连续枯水段长度和连续丰水段长度相当，包含了完整的丰枯周期，具有较好的代表性。1956—2000年系列作为全国水资源综合规划采用系列，在规划阶段已对其代表性做了充分论证。因此，经综合分析，采用1956—2000年作为径流系列代表时段进行水资源量计算。

表2.2-1　代表站长短径流系列特征值比较

站名	项目	1956—2000年系列			1956—2013年系列			两系列均值差值	两系列C_v差值
		均值	C_v	C_s/C_v	均值	C_v	C_s/C_v		
古城子	降水量/mm	486.5	0.29	2.0	492.2	0.29	2.0	5.7	0.00
	年径流量/亿m^3	47.98	0.51	2.5	45.34	0.52	2.0	−2.64	0.01

2. 代表站设计年径流量

对流域内干流的小二沟、古城子水文站和支流格尼河的格尼水文站的天然年径流量1956—2000年（共计45年）系列进行设计径流计算，采用P-Ⅲ型频率曲线适线法推求各代表站不同频率的设计年径流量，计

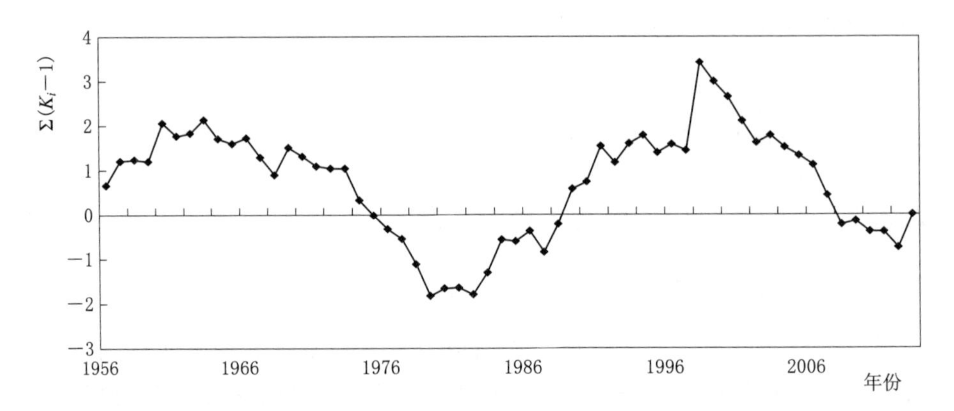

图 2.2-1 古城子水文站年径流系列差积曲线图

注 $K_i = X_i / \overline{X}$

算成果见表 2.2-2。

表 2.2-2 代表站设计年径流计算成果

站名	集水面积/km²	统计参数			设计年径流值/亿 m³				
		均值/亿 m³	C_v	C_s/C_v	20%	50%	75%	90%	95%
小二沟	16761	33.97	0.46	2.5	45.52	31.05	22.49	16.81	14.23
古城子	25292	47.98	0.51	2.5	65.64	42.94	29.99	21.83	18.23
格尼	3936	7.69	0.65	2.5	11.04	6.41	4.05	2.75	2.27

3. 地表水资源量

按照相关技术要求，以诺敏河流域各水文测站天然年径流系列为基础，计算各分区地表水资源量。诺敏河流域 1956—2000 年多年平均地表水资源量为 51.94 亿 m³，各水资源计算分区地表水资源量见表 2.2-3。

表 2.2-3 各水资源计算分区地表水资源量成果

水资源计算分区	地市	计算面积/km²	地表水资源量/万 m³	统计参数		不同频率年径流量/万 m³			
				C_v	C_s/C_v	20%	50%	75%	95%
毕拉河口水库以上	呼伦贝尔市	16737	339689	0.45	2	457222	316930	228271	132819

续表

水资源计算分区	地市	计算面积/km²	地表水资源量/万 m³	统计参数		不同频率年径流量/万 m³			
				C_v	C_s/C_v	20%	50%	75%	95%
毕拉河口水库—古城子	呼伦贝尔市	3640	46096	1.02	2	74400	31438	12723	2120
格尼河	呼伦贝尔市	4915	94058	0.68	2	139488	80043	47029	18341
西瓦尔图河	呼伦贝尔市	723	13724	0.52	2	19103	12502	8495	4433
古城子以下	呼伦贝尔市	1054	20009	0.52	2	27853	18229	12386	6463
	齐齐哈尔市	914	5805	1.33	2	9566	2926	755	41
诺敏河流域		27983	519381	0.52	2	722979	473156	321497	167760

2.2.1.3 地下水资源量

地下水资源量评价范围是浅层地下水，重点是矿化度 $M\leqslant 2g/L$ 的浅层地下水，评价期为1980—2000年。诺敏河流域地下水资源量计算面积为27983km²，其中山丘区计算面积26682km²，平原区计算面积1301km²。

流域多年平均地下水资源量为10.43亿m³，其中山丘区多年平均地下水资源量为8.84亿m³，平原区多年平均地下水资源量为1.90亿m³，平原区与山丘区地下水资源量的重复计算量为0.31亿m³。诺敏河流域多年平均地下水可开采量为1.88亿m³，其中1.53亿m³分布在平原区。诺敏河流域矿化度 $M\leqslant 2g/L$ 的浅层地下淡水多年平均可开采量见表2.2-4。各水资源计算分区多年平均浅层地下水资源量计算结果见表2.2-5。

表2.2-4 浅层地下淡水多年平均可开采量（$M\leqslant 2g/L$）

水资源计算分区	地市	计算面积/km²	地下水可开采量/万 m³		
			山丘区	平原区	合计
毕拉河口水库以上	呼伦贝尔市	16737	2206		2206
毕拉河口水库—古城子	呼伦贝尔市	3640	480		480
格尼河	呼伦贝尔市	4915	647		647

续表

水资源计算分区	地市	计算面积/km^2	地下水可开采量/万 m^3		
			山丘区	平原区	合计
西瓦尔图河	呼伦贝尔市	723	92	239	331
古城子以下	呼伦贝尔市	1054	75	4638	4713
	齐齐哈尔市	914		10442	10442
诺敏河流域		27983	3500	15319	18819

2.2.1.4 水资源总量

诺敏河流域 1956—2000 年多年平均水资源总量为 53.14 亿 m^3。诺敏河流域多年平均水资源总量成果见表 2.2-6。

2.2.2 水资源开发利用现状调查与评价

2.2.2.1 水资源开发利用现状分析

1. 供水量

现状年诺敏河流域总供水量 8.80 亿 m^3（含外流域调入水量 0.13 亿 m^3），其中地表水供水量 7.83 亿 m^3，地下水供水量 0.97 亿 m^3，现状年供水量见表 2.2-7。

2. 用水量

现状年诺敏河流域总用水量 8.80 亿 m^3（含用外流域水量 0.13 亿 m^3），其中生活、生产用水量分别为 0.09 亿 m^3、8.71 亿 m^3，农业用水量占总用水量的 97.5%，现状年各业用水量见表 2.2-8。

3. 开发利用程度分析

流域现状水资源开发利用程度为 16.31%，其中地表水开发利用程度为 14.83%，地下水开发利用程度为 51.34%。总体来看，诺敏河流域水资源相对丰富，水资源开发利用还有一定潜力。现状水资源开发利用程度见表 2.2-9。

2.2.2.2 现状用水水平分析

诺敏河流域现状万元国内生产总值用水量 606m^3，高于松花江流域万元国内生产总值用水量 133m^3，主要原因是诺敏河流域属于经济欠发达

表 2.2-5　　各水资源计算分区多年平均浅层地下水资源量计算结果（$M \leqslant 2g/L$）

单位：面积 km²，水量万 m³

水资源计算分区	地市	计算面积	山丘区			平原区									地下水资源量	地下水、地表水资源量间重复计算量
			计算面积	地下水资源量（降水入渗补给量）	其中：河川基流量（即：降水入渗补给量形成的河道排泄量）	计算面积	降水入渗补给量	山前侧向补给量	地表水体补给量				地下水资源量	降水入渗补给量形成的河道排泄量		
									跨一级区引水形成的补给量	本水资源一级区引水形成的		合计				
										补给量	其中：河川基流量形成的					
毕拉河口水库以上	呼伦贝尔市	16737	16737	55381	53694										55381	53694
毕拉河口水库—古城子	呼伦贝尔市	3640	3640	12060	11678										12060	11678
格尼河	呼伦贝尔市	4915	4915	16301	15768										16301	15768
西瓦尔图河	呼伦贝尔市	723	698	2321	2239	25	252						252		2573	2239
古城子以下	呼伦贝尔市	1054	569	1892	1825	485	4894	1136		1135	164	1135	7165		7757	2796
	齐齐哈尔市	914	123	420	415	791	5665	548		5411	1299	5411	11624	341	10198	4868
诺敏河流域		27983	26682	88375	85619	1301	10811	1684		6546	1463	6546	19041	341	104270	91043

表 2.2-6　　诺敏河流域多年平均水资源计算结果

单位：面积 km^2，水量万 m^3

水资源计算分区	地市	计算面积			地表水资源量			山丘区地下水总排泄量	山丘区河川基流量	平原区降水入渗补给量	平原区降水入渗补给形成的河道排泄量	水资源总量		
		山丘区	平原区	合计	山丘区	平原区	全区					山丘区	平原区	全区
毕拉河口水库以上	呼伦贝尔市	16737		16737	339689		339689	48477	46992			341175		341175
毕拉河口水库—古城子	呼伦贝尔市	3640		3640	46096		46096	10556	10220			46433		46433
格尼河	呼伦贝尔市	4915		4915	94058		94058	14269	13799			94528		94528
西瓦尔图河	呼伦贝尔市	698	25	723	13724		13724	2032	1960	220		13795	220	14015
古城子以下	呼伦贝尔市	569	485	1054	20009		20009	1656	1598	4263		20068	4263	24331
	齐齐哈尔市	123	791	914	967	4838	5805	371	367	5432	318	971	9951	10923
诺敏河流域		26682	1301	27983	514543	4838	519381	77361	74936	9915	318	516970	14434	531405

表 2.2-7　　现状年供水量　　单位：万 m³

水资源计算分区	省（自治区）/地市	地表水供水量				地下水供水量	总供水量
		蓄水	引水	外流域调水	小计		
毕拉河口水库以上	呼伦贝尔市	0	190	0	190	175	365
毕拉河口水库—古城子	呼伦贝尔市	0	5049	0	5049	1581	6630
格尼河	呼伦贝尔市	234	5300	0	5534	3283	8817
西瓦尔图河	呼伦贝尔市	1138	455	0	1593	163	1756
古城子以下	呼伦贝尔市	0	16145	0	16145	1478	17623
	齐齐哈尔市	0	48491	1300	49791	2983	52774
诺敏河流域	内蒙古	1372	27139	0	28511	6680	35191
	黑龙江	0	48491	1300	49791	2983	52774
	合计	1372	75630	1300	78302	9663	87965

表 2.2-8　　现状年各业用水量　　单位：万 m³

水资源计算分区	省（自治区）/地市	生活			生产			合计
		城镇	农村	小计	城镇	农村	小计	
毕拉河口水库以上	呼伦贝尔市	11	41	52	36	277	313	365
毕拉河口水库—古城子	呼伦贝尔市	71	81	152	189	6289	6478	6630
格尼河	呼伦贝尔市	43	175	218	683	7916	8599	8817
西瓦尔图河	呼伦贝尔市	8	60	68	15	1674	1689	1757
古城子以下	呼伦贝尔市	45	77	122	114	17387	17501	17623
	齐齐哈尔市	85	157	242	272	52260	52532	52774
诺敏河流域	内蒙古	177	434	611	1036	33543	34579	35190
	黑龙江	85	157	242	272	52260	52532	52774
	合计	262	591	853	1309	85803	87112	87965

表 2.2-9　　现状水资源开发利用程度　　单位：万 m^3

地表水			地下水			水资源总量		
供水量	水资源量	开发利用程度	供水量	可开采量	开发利用程度	总供水量	水资源总量	开发利用程度
77002	519381	14.83%	9663	18819	51.34%	86665	531404	16.31%

注：1. 地下水开发利用程度=供水量/可开采量；地表水开发利用程度=供水量/地表水资源量；
2. 地表水供水量及总供水量中均未包含流域外太平湖水库供水量 1300 万 m^3。

地区，经济以农业为主，第一产业所占比重较高，第二产业、第三产业所占比重较小。

1. 农业

流域农业以粮食作物为主，现状农田灌溉综合毛定额 781m^3/亩，高于松花江流域农田灌溉综合毛定额 507m^3/亩。农田灌溉水有效利用系数平均为 0.52，最高的格尼河流域为 0.59，最低的毕拉河口以上区间为 0.51。农田灌溉水有效利用系数基本与松花江流域平均水平持平，但与节水先进地区相比，灌溉用水效率仍有待提高。

2. 工业

流域万元工业增加值用水毛定额 55m^3/万元，低于松花江流域工业用水毛定额（72m^3/万元），也低于全国工业用水毛定额。工业供水管网综合漏失率为 15%，与先进地区相比仍具有一定的节水潜力。

3. 生活

城镇居民生活用水毛定额 95L/(人·日)，低于松花江流域城镇居民生活用水毛定额 108L/(人·日)，也低于全国城镇居民生活用水毛定额 131L/(人·日)；农村生活用水定额 60L/(人·日)，基本与松花江流域农村生活用水定额 59L/(人·日）持平，但低于全国农村生活用水定额 75L/(人·日)。城镇生活供水管网漏失率 17.2%，具有进一步节水的潜力。

2.2.3 需水预测

2.2.3.1 水资源节约

1. 节水措施

(1) 农业。诺敏河流域农业用水占总用水量的 97.5%，农田灌溉是节水的重点行业。

农业节水的总体要求是：优化农业结构和种植结构，大力发展现代高效节水农业；运用工程、农艺、生物和管理等综合节水措施，提高水的利用效率。

进一步加大现有灌区节水改造力度，加强灌区水源及渠首工程的改造，加强大中型灌区渠道防渗、建筑物维修、机电设备更新等，提高渠系水利用系数。

加大田间配套节水改造力度，平整土地，合理规划畦田规格，大力推广管道输水、喷灌、微灌、膜下滴灌等技术，改进沟畦灌，提高田间水利用系数。通过蓄水保墒等旱作物节水技术及调整、改良作物种植品种等措施实现旱作节水。

改革灌区管理体制，加强用水定额管理，推广节水灌溉制度，完善灌区计量设施。改革用水管理体制，合理调整农业用水价格，改革农业供水水费计收方式，逐步实行计量收费，提高农民节水意识。

通过采取上述综合节水措施，预计流域2030年农田灌溉水有效利用系数可以提高到0.61。

（2）工业。工业节水的总体要求是：严格限制建设高耗水和高污染工业项目，大力推广节水工艺、技术和设备，鼓励节水技术开发和节水设备、器具的研制，加强企业内部循环用水管理，提高水的重复利用率，降低新鲜水取用量，通过市场机制和经济手段等，调动用水户节水的积极性。

加强建设项目水资源论证和取水许可管理，进一步健全企业水平衡测试机制；严格实行新建、改扩建工业项目“三同时”“四到位”制度，即工业节水设施必须与工业主体工程同时设计、同时施工、同时投入使用，用水计划到位、节水目标到位、节水措施到位、管水制度到位。

制定行业用水定额和节水标准，对用水户进行目标管理和考核，促进生产技术升级、工艺改造、设备更新，逐步淘汰耗水大、技术落后的工艺设备。

（3）城镇生活。城镇生活节水的总体要求是：加快供水管网技术改造，全面推行节水型用水器具。

加快供水管网改造，加强管网漏失监测，从源头防止或减少跑冒滴漏，降低管网漏失率。

全面推行节水型用水器具，逐步淘汰耗水量大、漏水严重的老式器具，提高生活用水效率。

加强全民节水教育，提高全民节水意识，利用世界水日、中国水周等积极开展广泛深入的节水宣传活动，增强全社会的水资源忧患意识和节约意识。

2. 节水潜力分析

目前，诺敏河流域用水浪费现象仍然比较严重，尤其是农业灌溉用水效率较低，与国内外先进水平相比差距明显，节水潜力较大。现状年农田灌溉水有效利用系数为 0.52，远低于发达国家 0.7～0.8 的平均水平；万元工业增加值用水量为 55m^3，为发达国家的 2 倍左右；工业用水基本没有实现重复利用，与发达国家 75%～85%的工业用水重复利用水平有很大差距；城镇生活供水管网综合漏失率达 17.2%，与国内节水水平较高地区相比仍有一定差距。

随着流域经济社会的进一步发展，采取灌区续建配套及节水改造、新建灌区渠道防渗及衬砌、城镇供水管网节水改造以及发展高效节水灌溉等强化节水措施后，2030 年流域可实现节水量 3.65 亿 m^3，其中节水潜力最大的行业为农业。规划水平年多年平均情况下节水潜力见表 2.2－10。

表 2.2－10　　规划水平年多年平均情况下节水潜力　　单位：万 m^3

规划水平年	现状节水措施及水平			强化节水措施			节水量		
	合计	农业	工业、建筑业及第三产业	合计	农业	工业、建筑业及第三产业	合计	农业	工业、建筑业及第三产业
2030	141550	135706	5844	105004	101530	3474	36546	34176	2370

注：农业包括水田、水浇地、菜田、林果地和鱼塘等 5 类。

2.2.3.2　经济社会发展指标预测

综合考虑相关地方对中长期经济社会发展形势的分析成果，预测诺敏河流域规划水平年的经济社会发展指标。

基准年流域内耕地面积 467.01 万亩，农田有效灌溉面积 106.38 万亩，其中水田 72.07 万亩、水浇地 33.31 万亩、菜田 1 万亩；规划 2030 年农田有效灌溉面积 222.04 万亩，其中水田 105.97 万亩、水浇地 115.02 万亩、菜田 1.05 万亩。

基准年流域内总人口 34.36 万人，其中城镇人口 7.58 万人；国内生产总值 135.02 亿元，人均国内生产总值 3.93 万元。预测 2030 年流域总人口 34.22 万人，其中城镇人口 8.26 万人；国内生产总值 428.67 亿元，人均国内生产总值 12.53 万元。

2.2.3.3 用水定额

规划水平年用水定额是指采取经济合理、技术可行的强化节水措施后，各行业预期可以达到的用水指标。

1. 农业

基准年流域农田灌溉水有效利用系数为 0.52，预计到 2030 年提高到 0.61。基准年水田、水浇地、菜田净定额分别为 527m^3/亩、160m^3/亩、220m^3/亩；预计到 2030 年水田、水浇地、菜田净定额可分别达到 458m^3/亩、138m^3/亩、167m^3/亩。流域现状水田净定额较高，可通过土地平整、畦田改造和采用浅湿灌溉等先进技术并加强灌溉管理降低用水量；旱田通过发展高效节水灌溉面积和加强管理，降低综合灌溉定额。

2. 工业

流域基准年一般万元工业增加值用水量为 47m^3，工业供水管网漏失率为 15%；预计到 2030 年一般万元工业增加值用水量为 22m^3，工业供水管网漏失率为 9%。

3. 生活

随着城乡居民生活水平的提高，城乡居民生活定额预计呈增长态势。诺敏河流域 2030 年城镇居民生活用水净定额为 110L/(人·日)，比基准年增长 32L/(人·日)；2030 年农村居民生活用水定额为 85L/(人·日)，比基准年增长 25L/(人·日)。

规划水平年各业用水定额见表 2.2-11。

2.2.3.4 需水量预测

1. 河道外需水量预测

按照经济社会发展指标以及采取强化节水措施后的用水定额和效率

指标测算，预测到2030年流域河道外多年平均需水量为10.60亿m^3。由于商品粮基地建设，规划期流域内的灌溉面积将大幅增加，但由于大力发展节水灌溉，规划水平年用水定额降低，2030年用水总量比基准年仅增加2.42亿m^3。河道外各行业多年平均需水量汇总见表2.2-12，河道外各行业不同频率需水量成果见表2.2-13。

2. 河道内生态流量

诺敏河流域控制节点最小生态流量指标见表1.2-2。

2.2.4 水资源供需分析

按照强化节水措施后的需水预测成果，根据现状调蓄工程条件，测算2030年诺敏河流域缺水量为2001万m^3。现状工程条件下供需分析成果见表2.2-14。

规划在格尼河上建设晓奇子水库，在诺敏河干流建设毕拉河口水库后，规划水平年诺敏河流域能够实现供需平衡，达到设计供水保证率。

随着经济社会的发展，规划水平年内蒙古自治区境内的灌溉面积将增加，为保障下游黑龙江省的分水量不减少，2030年位于古城子以下呼伦贝尔市的团结、汉古尔河灌区的19.1万亩水田、9.88万亩水浇地将改用尼尔基直供水源，两灌区均是尼尔基水库的直供灌区。

流域内规划了毕拉河口水库和晓奇子水库后，对径流有调节作用，增强了流域的供水能力，但由于下游的团结、汉古尔河灌区改用尼尔基直供水源，内蒙古自治区的供水量增加不大，且保证了黑龙江省配置水量与现状情况相比没有减少。

1. 基准年

基准年多年平均需水量8.18亿m^3，其中城镇需水量0.16亿m^3，农村需水量8.02亿m^3。经计算，基准年河道内最小生态需水量能够得到满足，各区多年平均总供水量8.14亿m^3。其中本流域地表水供水7.34亿m^3，外流域太平湖水库供水0.13亿m^3；地下水供水0.66亿m^3。各业用水能够满足供水保证率要求，流域供需基本平衡。基准年河道外多年平均供需分析成果见表2.2-15。

2. 2030年

2030年多年平均需水量10.60亿m^3，其中城镇需水量0.39亿m^3，

表 2.2-11　　规划水平年各业用水定额

省（自治区）	水平年	城镇生活		农村生活/[L/(人·日)]	一般工业		建筑业		第三产业		农田灌溉净定额（$P=75\%$）			
		净定额/[L/(人·日)]	管网漏失率/%		净定额/(m^3/万元)	管网漏失率/%	净定额/(m^3/万元)	管网漏失率/%	净定额/(m^3/万元)	管网漏失率/%	水田/(m^3/亩)	水浇地/(m^3/亩)	菜田/(m^3/亩)	灌溉水有效利用系数
内蒙古	基准年	78	18	60	47	15	26	17	23	17	530	160	220	0.53
	2030 年	110	13	85	22	9	21	13	21	13	464	140	167	0.61
黑龙江	基准年	79	15	61	46	16	26	16	23	17	526	—	—	0.52
	2030 年	110	13	85	20	8	21	12	21	12	454	130	—	0.61
诺敏河流域	基准年	78	17.2	60	47	15	26	17	23	17	527	160	220	0.52
	2030 年	110	13	85	22	9	21	13	21	13	458	138	167	0.61

表 2.2-12　　河道外各行业多年平均需水量汇总　　单位：万 m^3

水资源计算分区	省（自治区）/地市	水平年	生活		生产		生态		合计
			城镇	农村	城镇	农村	城镇	农村	
毕拉河口水库以上	呼伦贝尔市	基准年	11	41	36	326	0	0	414
		2030 年	18	57	146	7074	0	0	7295
毕拉河口水库—古城子	呼伦贝尔市	基准年	71	81	189	7384	0	0	7725
		2030 年	102	114	441	7931	0	0	8588

续表

水资源计算分区	省（自治区）/地市	水平年	生活		生产		生态		合计
			城镇	农村	城镇	农村	城镇	农村	
格尼河	呼伦贝尔市	基准年	43	175	683	5154	0	0	6055
		2030年	60	241	1782	11557	0	0	13640
西瓦尔图河	呼伦贝尔市	基准年	8	60	15	2010	0	0	2093
		2030年	12	79	39	3040	0	0	3170
古城子以下	呼伦贝尔市	基准年	45	77	114	13056	0	0	13292
		2030年	64	108	270	18315	75	0	18832
	齐齐哈尔市	基准年	85	157	272	51706	0	0	52220
		2030年	126	206	795	53349	17	0	54493
诺敏河流域	内蒙古	基准年	177	434	1036	27930	0	0	29577
		2030年	256	600	2678	47917	75	0	51526
	黑龙江	基准年	85	157	272	51706	0	0	52220
		2030年	126	206	795	53349	17	0	54493
	合计	基准年	262	591	1309	79636	0	0	81798
		2030年	381	805	3474	101266	92	0	106018

注： 1. 城镇生产需水量=工业需水量+建筑业需水量+第三产业需水量；

2. 农村生产需水量=农田灌溉需水量+林果地需水量+鱼塘需水量+牲畜需水量。

表 2.2-13　　河道外各行业不同频率需水量成果　　单位：万 m^3

水资源计算分区	省（自治区）/地市	水平年	农村生产															
			农田灌溉												林果地	鱼塘	牲畜	
			$P=50\%$				$P=75\%$				多年平均						大牲畜	小牲畜
			水田	水浇地	菜田	小计	水田	水浇地	菜田	小计	水田	水浇地	菜田	小计				
毕拉河口水库以上	呼伦贝尔市	基准年	0	254	0	254	0	307	0	307	0	274	0	274	0	0	24	28
		2030 年	0	6036	0	6036	0	8450	0	8450	0	6948	0	6948	0	0	39	87
毕拉河口水库—古城子	呼伦贝尔市	基准年	4808	1942	154	6903	5096	2354	212	7662	4917	2098	176	7191	0	0	57	137
		2030 年	5270	1640	112	7022	5608	2296	143	8047	5398	1887	124	7409	2	0	92	428
格尼河	呼伦贝尔市	基准年	2542	1953	0	4495	2695	2367	0	5062	2600	2110	0	4710	0	0	142	302
		2030 年	5550	4073	0	9623	5906	5703	0	11609	5685	4689	0	10374	0	0	230	954
西瓦尔图河	呼伦贝尔市	基准年	962	888	0	1850	1019	1077	0	2096	983	960	0	1943	0	0	40	27
		2030 年	1109	1527	0	2636	1180	2138	0	3318	1135	1758	0	2893	0	0	65	82
古城子以下	呼伦贝尔市	基准年	9115	3160	154	12429	9662	3831	212	13705	9322	3414	176	12912	0	0	54	91
		2030 年	14677	2412	115	17204	15620	3377	146	19143	15033	2777	127	17937	0	0	89	289
	齐齐哈尔市	基准年	49674	0	0	49674	54208	0	0	54208	51387	0	0	51387	17	0	206	96
		2030 年	48536	2972	0	51508	51726	4293	0	56019	49741	3471	0	53212	8	40	21	68
诺敏河流域	内蒙古	基准年	17427	8198	308	25933	18473	9936	423	28832	17822	8854	351	27027	0	0	317	585
		2030 年	26606	15688	227	42521	28314	21964	289	50567	27251	18059	251	45561	2	0	515	1840
	黑龙江	基准年	49674	0	0	49674	54208	0	0	54208	51387	0	0	51387	17	0	206	96
		2030 年	48536	2972	0	51508	51726	4293	0	56019	49741	3471	0	53212	8	40	21	68
	合计	基准年	67101	8198	308	75607	72681	9936	423	83040	69209	8854	351	78414	17	0	523	681
		2030 年	75142	18660	227	94029	80040	26257	289	106586	76992	21530	251	98773	10	40	536	1908

续表

水资源计算分区	省（自治区）/地市	水平年	生活			城镇生产						生态			总计		
			城镇	农村	小计	工业				建筑业	第三产业	城镇	农村	小计	$P=50\%$	$P=75\%$	多年平均
						高用水	一般	火（核）电	小计								
毕拉河口水库以上	呼伦贝尔市	基准年	11	41	52	0	0	0	0	4	31	0	0	0	393	447	414
		2030年	18	57	75	0	0	0	0	19	127	0	0	0	6383	8798	7296
毕拉河口水库—古城子	呼伦贝尔市	基准年	71	81	152	0	147	0	147	8	34	0	0	0	7439	8197	7725
		2030年	102	114	216	0	269	0	269	34	139	0	0	0	8202	9227	8589
格尼河	呼伦贝尔市	基准年	43	175	218	0	452	0	452	70	160	0	0	0	5840	6407	6054
		2030年	60	241	301	0	827	0	827	302	653	0	0	0	12890	14876	13640
西瓦尔图河	呼伦贝尔市	基准年	8	60	68	0	9	0	9	0	6	0	0	0	1999	2245	2092
		2030年	12	79	91	0	17	0	17	0	22	0	0	0	2913	3595	3170
古城子以下	呼伦贝尔市	基准年	45	77	122	0	88	0	88	4	22	0	0	0	12811	14086	13293
		2030年	64	108	172	0	160	0	160	19	91	75	0	75	18100	20039	18832
	齐齐哈尔市	基准年	85	157	242	0	131	0	131	15	126	0	0	0	50507	55041	52220
		2030年	126	206	332	0	221	0	221	65	509	17	0	17	52788	57299	54493
诺敏河流域	内蒙古	基准年	177	434	611	0	696	0	696	87	253	0	0	0	28482	31382	29578
		2030年	256	600	856	0	1273	0	1273	374	1032	75	0	75	48488	56535	51525
	黑龙江	基准年	85	157	242	0	131	0	131	15	126	0	0	0	50507	55041	52220
		2030年	126	206	332	0	221	0	221	65	509	17	0	17	52788	57299	54493
	合计	基准年	262	591	853	0	827	0	827	102	380	0	0	0	78989	86423	81797
		2030年	381	805	1186	0	1494	0	1494	439	1541	92	0	92	101276	113834	106018

表 2.2-14 现状工程条件下供需分析成果 单位：万 m^3

频率	计算单元	需水量	供水量	缺水量
多年平均	毕拉河口水库以上呼伦贝尔市	7295	7295	0
	毕拉河口水库—古城子呼伦贝尔市	8589	8589	0
	格尼河呼伦贝尔市	13640	12790	850
	西瓦尔图河呼伦贝尔市	3170	3142	28
	古城子以下呼伦贝尔市	18830	18830	0
	古城子以下齐齐哈尔市	54493	53370	1123
	诺敏河流域	106018	104017	2001
	内蒙古	51524	50647	877
	黑龙江	54493	53370	1123
$P=75\%$	毕拉河口水库以上呼伦贝尔市	8797	8797	0
	毕拉河口水库—古城子呼伦贝尔市	9227	9227	0
	格尼河呼伦贝尔市	14875	13112	1763
	西瓦尔图河呼伦贝尔市	3595	3579	16
	古城子以下呼伦贝尔市	20039	20039	0
	古城子以下齐齐哈尔市	57300	55136	2164
	诺敏河流域	113834	109891	3943
	内蒙古	56535	54756	1779
	黑龙江	57300	55136	2164
$P=95\%$	毕拉河口水库以上呼伦贝尔市	8797	8797	0
	毕拉河口水库—古城子呼伦贝尔市	9227	11746	0
	格尼河呼伦贝尔市	14875	10982	3893
	西瓦尔图河呼伦贝尔市	3595	3329	266
	古城子以下呼伦贝尔市	20039	20039	0
	古城子以下齐齐哈尔市	57300	51574	5726
	诺敏河流域	113834	103950	9884
	内蒙古	56535	52376	4159
	黑龙江	57300	51574	5726

表 2.2-15 基准年河道外多年平均供需平衡成果

单位：万 m^3

水资源计算分区	省（自治区）/地市	需水量			供水量					缺水量		
		城镇	农村	小计	本流域地表水	尼尔基水库供水	太平湖水库供水	地下水	小计	城镇	农村	小计
毕拉河口水库以上	呼伦贝尔市	47	366	413	413	0	0	0	413	0	0	0
毕拉河口水库—古城子	呼伦贝尔市	260	7464	7724	7724	0	0	0	7724	0	0	0
格尼河	呼伦贝尔市	726	5330	6056	6002	0	0	0	6002	19	34	53
西瓦尔图河	呼伦贝尔市	22	2069	2091	1928	0	0	163	2091	0	0	0
古城子以下	呼伦贝尔市	159	13134	13293	9793	0	0	3500	13293	0	0	0
	齐齐哈尔市	357	51863	52220	47546	0	1300	2983	51829	0	392	392
诺敏河流域	内蒙古	1214	28363	29577	25860	0	0	3664	29524	19	34	53
	黑龙江	357	51863	52220	47546	0	1300	2983	51829	0	392	392
	合计	1571	80226	81797	73406	0	1300	6646	81352	19	426	445

农村需水量 10.21 亿 m^3。经计算，2030 年河道内最小生态需水量能够得到满足，多年平均供水量 10.52 亿 m^3，其中本流域地表水供水 8.12 亿 m^3，尼尔基水库供水 1.60 亿 m^3，太平湖水库供水 0.13 亿 m^3，地下水供水 0.67 亿 m^3。通过毕拉河口水库调节，流域内各业用水能够满足供水保证率要求，2030 年河道外多年平均供需分析成果见表 2.2-16。

2.2.5 水资源配置方案

2.2.5.1 配置原则

（1）先节水后开源。坚持节水优先，充分挖掘节水潜力，提高水资源利用效率和效益，将来有中水时要优先利用中水；修建水资源调蓄工程。地下水配置遵循浅层地下水不超采、深层地下水不开采的原则。

（2）以水而定，量水而行。国民经济布局和产业结构要充分考虑流域水资源条件。综合考虑经济社会发展和生态环境对水资源的需求，保障河道内最小生态用水，努力实现人与自然的和谐共处。

（3）用水总量控制。流域两省（自治区）地表水配置量按已批复的水量分配方案控制。

2.2.5.2 经济社会用水与生态环境用水配置

通过规划毕拉河口、晓奇子水库，并且利用嫩江流域尼尔基水库、太平湖水库为本流域供水，提高水资源调配能力，保障流域区域供水安全。

2030 年河道外共配置经济社会用水量 10.52 亿 m^3（含流域外尼尔基水库供水 1.60 亿 m^3、太平湖水库供水 0.13 亿 m^3），折算成对水资源的消耗量为 8.18 亿 m^3，配置给生态系统的总水量为 46.69 亿 m^3。

基准年和 2030 年流域经济社会用水与生态环境用水配置成果见表 2.2-17。

2.2.5.3 水量配置

2030 年河道外配置水量为 10.52 亿 m^3，其中城镇生活用水为 0.04

表 2.2-16　　2030 年河道外多年平均供需平衡成果表　　单位：万 m^3

水资源计算分区	省（自治区）/地市	需水量			供水量					缺水量		
		城镇	农村	小计	本流域地表水	尼尔基水库供水	太平湖水库供水	地下水	小计	城镇	农村	小计
毕拉河口水库以上	呼伦贝尔市	165	7130	7295	7295	0	0	0	7295	0	0	0
毕拉河口水库—古城子	呼伦贝尔市	543	8046	8589	8589	0	0	0	8589	0	0	0
格尼河	呼伦贝尔市	1842	11798	13640	13556	0	0	0	13556	3	81	84
西瓦尔图河	呼伦贝尔市	51	3120	3171	2932	0	0	210	3142	0	28	28
古城子以下	呼伦贝尔市	409	18421	18830	1026	15960	0	1844	18830	0	0	0
	齐齐哈尔市	938	53555	54493	47835	0	1300	4686	53821	0	672	672
诺敏河流域	内蒙古	3009	48518	51527	33400	15960	0	2054	51414	3	112	115
	黑龙江	938	53555	54493	47835	0	1300	4686	53821	0	672	672
	合计	3948	102072	106020	81233	15960	1300	6740	105233	3	784	787

表 2.2-17　基准年和 2030 年流域经济社会用水与生态环境用水配置成果　单位：亿 m^3

水平年	水资源总量	河道外供水量			河道外配置水量消耗量	生态系统留用水量
		合计	其中：流域外			
			尼尔基水库供水	太平湖水库供水		
基准年	53.14	8.14	0	0.13	6.40	46.86
2030 年	53.14	10.52	1.60	0.13	8.18	46.69

注：生态系统留用水量＝水资源总量＋调入水量－调出水量－河道外配置水量消耗量。

亿 m^3、农村生活用水为 0.08 亿 m^3、城镇生产用水为 0.35 亿 m^3、农村生产用水 10.04 亿 m^3、城镇生态用水 0.01 亿 m^3。诺敏河流域不同水平年多年平均水量配置成果见表 2.2-18。

1. 供水水源配置

规划水平年配置水量以地表水为主，地下水不超采。2030 年地表水配置水量 8.12 亿 m^3、尼尔基水库供水 1.60 亿 m^3、太平湖水库供水 0.13 亿 m^3、地下水供水 0.67 亿 m^3。诺敏河流域不同水平年多年平均水量配置成果见表 2.2-18。

2. 配置成果分析

诺敏河流域地下水可开采量为 1.88 亿 m^3，基准年和 2030 年地下水资源配置量分别为 0.66 亿 m^3 和 0.67 亿 m^3，各水平年地下水资源配置量小于地下水可开采量。

诺敏河流域地表水资源总量为 51.94 亿 m^3，2030 年本流域地表水供水量为 8.12 亿 m^3，开发利用程度为 15.64%；流域内水资源可利用量为 29.25 亿 m^3，调入水量为 1.73 亿 m^3，2030 年水资源消耗量为 8.18 亿 m^3，河道外多年平均耗损量占可利用量的比例为 26.42%。与水量分配方案相比，由于诺敏镇灌区取消了位于森林公园内部分灌溉面积，用水量减少 0.24 亿 m^3，规划配置地表水量比分配地表水量减少 0.24 亿 m^3。不同水平年水量配置成果分析见表 2.2-19。

表 2.2-18　　诺敏河流域不同水平年多年平均水量配置成果

单位：万 m^3

水资源计算分区	省（自治区）/地市	水平年	不同行业						不同水源				
			城镇生活	农村生活	城镇生产	农村生产	城镇生态	农村生态	本流域地表水	尼尔基水库供水	太平湖水库供水	地下水	小计
毕拉河口水库以上	呼伦贝尔市	基准年	11	41	36	325	0	0	413			0	413
		2030 年	18	57	146	7074	0	0	7295			0	7295
毕拉河口水库—古城子	呼伦贝尔市	基准年	71	81	189	7383	0	0	7724			0	7724
		2030 年	102	114	441	7932	0	0	8589			0	8589
格尼河	呼伦贝尔市	基准年	42	170	665	5126	0	0	6002			0	6002
		2030 年	60	241	1779	11476	0	0	13556			0	13556
西瓦尔图河	呼伦贝尔市	基准年	8	60	15	2009	0	0	1928			163	2091
		2030 年	12	79	39	3012	0	0	2932			210	3142
古城子以下	呼伦贝尔市	基准年	45	77	114	13057	0	0	9793			3500	13293
		2030 年	64	108	270	18312	75	0	1026	15960		1844	18830
	齐齐哈尔市	基准年	85	157	272	51314	0	0	47546		1300	2983	51829
		2030 年	126	206	795	52677	17	0	47835		1300	4686	53821
诺敏河流域	内蒙古	基准年	177	428	1018	27901	0	0	25860	0	0	3664	29524
		2030 年	256	600	2675	47805	75	0	33398	15960	0	2054	51412

续表

水资源计算分区	省（自治区）/地市	水平年	不同行业						不同水源				
			城镇生活	农村生活	城镇生产	农村生产	城镇生态	农村生态	本流域地表水	尼尔基水库供水	太平湖水库供水	地下水	小计
诺敏河流域	黑龙江	基准年	85	157	272	51314	0	0	47546	0	1300	2983	51829
		2030 年	126	206	795	52677	17	0	47835	0	1300	4686	53821
	合计	基准年	262	585	1290	79215	0	0	73405	0	1300	6647	81352
		2030 年	382	806	3470	100482	92	0	81232	15960	1300	6740	105232

表 2.2-19　不同水平年水量配置成果分析表　单位：万 m^3

水资源		地表水		地下水可开采量	水平年	配置的供水量		水资源消耗量			下泄量	本流域地表水利用程度/%	地下水利用程度/%	水资源开发利用程度/%	地表水出境率/%	地表水耗损量占地表可利用量的百分比/%	总耗损量占可利用总量的百分比/%
总量	可利用量	资源量	可利用量			合计	其中：调入量	总量	其中：本流域地表水	跨四级区调入水量的耗损量							
531404	292462	519380	283930	18819	基准年	81352	1300	64013	58043	1040	458383	14.13	35.32	15.06	88.26	20.44	21.79
					2030	105233	17260	81841	64933	13808	458439	15.64	35.82	16.55	88.27	22.87	26.42

注：1. 本地地表水利用程度＝本地地表水供水量/本地地表水资源量；地下水利用程度＝地下水供水量/地下水可开采量。
2. 地表水耗损量占地表可利用量的百分比＝本地地表水耗损量/本地地表水可利用量。
3. 总耗损量占可利用总量的百分比＝总耗损量/(本地水资源可利用总量＋调入水量)。

2.3 水资源开发利用

2.3.1 城乡生活及工业用水

2.3.1.1 用水现状

1. 城镇用水现状及存在的主要问题

现状年诺敏河流域城镇用水总量为 1571 万 m^3，其中生活、生产分别为 262 万 m^3、1309 万 m^3。现状年诺敏河流域城镇用水量统计见表 2.3－1。

表 2.3－1 现状年诺敏河流域城镇用水量统计

分区	经济社会发展指标		用水量/万 m^3						
	人口/万人	GDP/亿元	生活	生产				合计	
				工业	建筑业	第三产业	小计		
诺敏河干流	6.14	19.57	211	366	32	214	612	823	
格尼河	1.22	19.55	43	452	70	160	682	725	
西瓦尔图河	0.22	0.47	8	9	0	6	15	23	
合计	7.58	39.59	262	827	102	380	1309	1571	

城镇供水主要问题：一是供水能力不足，现状城镇居民生活用水水平较低；二是城镇供水设备老化、陈旧，管网漏失率较高；三是水资源利用效率不高，节水水平较低，非常规水资源利用不足。

2. 农村生活供水现状及存在的主要问题

流域内现有农村人口 26.78 万人，居民生活供水总量为 591 万 m^3，全部为地下水。经过多年的发展，农村供水有了明显改善。黑龙江省境内，大多为平原区，地下水资源较好，已基本解决饮水困难人口。内蒙古自治区境内，农村供水面临的主要问题是地表水细菌学指标超标或污染严重导致部分地区饮用水水质超标。应进一步提高流域农村饮水集中供水率、自来水普及率、供水保证率和水质达标率，解决流域饮水不安全问题。

2.3.1.2 城镇供水规划

预测到 2030 年，流域城镇供水量由基准年的 1572 万 m^3 增加到

3946 万 m^3。分区地下水有可开采量的区间，城镇供水优先利用地下水，不足部分用地表水补充；分区地下水无可开采量的区间，城镇供水采用地表水。诺敏河干流古城子以上呼伦贝尔市、格尼河呼伦贝尔市区间无地下水可开采量，城镇供水全部采用地表水。城镇经济社会供水量预测成果见表 2.3－2。

表 2.3－2　　城镇经济社会供水量预测成果　　单位：万 m^3

分区	水平年	城镇生活		城镇生产		城镇生态		总供水量		
		地表水	地下水	地表水	地下水	地表水	地下水	地表水	地下水	合计
诺敏河干流	基准年	83	129	225	387	0	0	308	516	824
	2030 年	120	190	587	1065	93	0	800	1255	2055
格尼河	基准年	43	0	683	0	0	0	726	0	726
	2030 年	60	0	1779	0	0	0	1839	0	1839
西瓦尔图河	基准年	5	3	14	1	0	0	19	4	23
	2030 年	7	4	38	1	0	0	45	5	50
诺敏河流域	基准年	130	132	922	388	0	0	1052	520	1572
	2030 年	188	194	2404	1067	93	0	2685	1261	3946

2.3.1.3　农村生活供水

预测到 2030 年流域内农村人口 25.96 万人，农村生活需水量为 805 万 m^3。在有地下水可开采量的区间，农村生活全部采用地下水；在无地下水可开采量的区间，农村生活用水采用地表水。农村生活供水量预测见表 2.3－3。

表 2.3－3　　农村生活供水量预测成果

分　区	水平年	农村人口/万人	农村生活供水量/万 m^3		
			地表水	地下水	合计
诺敏河干流	基准年	16.09	122	234	356
	2030 年	15.62	171	314	485
格尼河	基准年	7.97	175	0	175
	2030 年	7.78	241	0	241

续表

分　区	水平年	农村人口/万人	农村生活供水量/万 m^3		
			地表水	地下水	合计
西瓦尔图河	基准年	2.72	39	21	60
	2030 年	2.56	51	28	79
诺敏河流域	基准年	26.78	336	255	591
	2030 年	25.96	463	342	805

规划以解决细菌学指标超标未经处理的地表水、污染严重未经处理的地下水和水源保证率不达标的饮用水为重点，大力推进城乡一体化建设，加快集中供水工程建设，提高农村自来水普及率、供水保证率，保障饮水不安全人口人均日供水量达到 85L。

2.3.2 灌溉规划

2.3.2.1 灌溉现状

现状年流域内耕地面积为 467.01 万亩，农田有效灌溉面积为 106.38 万亩，农田实际灌溉面积为 94.29 万亩，耕地灌溉率仅 22.8%，远低于全国的平均水平。现状农业灌溉指标情况见表 2.3-4。

表 2.3-4　现状农业灌溉指标　单位：万亩

水资源计算分区	省（自治区）/地市	耕地面积	农田实际灌溉面积				林果地灌溉面积
			水田	水浇地	菜田	小计	
毕拉河口水库以上	呼伦贝尔市	45.55	0	0.82	0	0.82	0
毕拉河口水库—古城子	呼伦贝尔市	56.54	2.90	4.79	0.41	8.1	0
格尼河	呼伦贝尔市	130.03	4.2	7.49	0	11.69	0
西瓦尔图河	呼伦贝尔市	15.00	0.4	3.30	0	3.7	0
古城子以下	呼伦贝尔市	123.31	9.0	11.97	0.41	21.38	0
	齐齐哈尔市	96.58	48.60	0	0	48.6	0.10
诺敏河流域	内蒙古	370.43	16.5	28.37	0.82	45.69	0
	黑龙江	96.58	48.60	0	0	48.60	0.10
	合计	467.01	65.1	28.37	0.82	94.29	0.10

由于渠系不配套、大水漫灌等，流域灌溉定额偏大，水资源浪费现象比较严重。现状年内蒙古自治区水田灌溉毛定额平均为1509m^3/亩，水浇地灌溉毛定额平均为261m^3/亩，菜田灌溉毛定额平均为423m^3/亩；黑龙江省查哈阳灌区水田灌溉毛定额为1048m^3/亩，水浇地灌溉毛定额为212m^3/亩，菜田灌溉毛定额为321m^3/亩。

诺敏河流域现状年灌溉用水量为8.36亿m^3。其中，内蒙古自治区为3.26亿m^3，黑龙江省为5.10亿m^3。农业灌溉用水以水田为主，水田用水量为7.58亿m^3，水浇地用水量为0.74亿m^3，菜田用水量为0.03亿m^3，林果地用水量为0.002亿m^3。现状农业灌溉用水量见表2.3-5。

表2.3-5　现状农业灌溉用水量　单位：万m^3

水资源计算分区	省（自治区）/地市	农田灌溉				林果地	合计
		水田	水浇地	菜田	小计		
毕拉河口水库以上	呼伦贝尔市	0	225	0	225	0	225
毕拉河口水库—古城子	呼伦贝尔市	4759	1163	173	6095	0	6095
格尼河	呼伦贝尔市	5695	1777	0	7472	0	7472
西瓦尔图河	呼伦贝尔市	592	1015	0	1607	0	1607
古城子以下	呼伦贝尔市	13846	3223	173	17242	0	17242
	齐齐哈尔市	50941	0	0	50941	17	50958
诺敏河流域	内蒙古	24892	7403	347	32642	0	32642
	黑龙江	50941	0	0	50941	17	50958
	合计	75833	7403	347	83583	17	83600

流域万亩以上灌区12处，设计灌溉面积为127.98万亩，实际灌溉面积为88.36万亩，其中水田灌溉面积为71.50万亩，水浇地灌溉面积为16.86万亩，菜田无灌溉面积。主要灌区有查哈阳灌区、团结灌区、汉古尔河灌区、阿兴灌区、得力其尔灌区等。现状万亩以上灌区分布情况见表2.3-6。

表 2.3-6　现状万亩以上灌区分布情况

分区	行政区	灌区名称	类型	取水水源	设计灌溉面积/万亩	设计引水流量/(m^3/s)	实际灌溉面积/万亩			
							水田	水浇地	菜田	合计
格尼河	阿荣旗	得力其尔灌区	引水灌区	格尼河	6.16	2.00	2.12	1.18	0	3.30
		兴安灌区	引水灌区	格尼河	2.82	3.79	1.73	0.24	0	1.97
		六家子灌区	引水灌区	格尼河	1.05	2.20	0.00	1.50	0	1.50
		忠诚堡灌区	引水灌区	格尼河	1.20	4.00	0.35	0.20	0	0.55
小计					11.23	11.99	4.20	3.12	0	7.32
西瓦尔图河	莫旗	永安灌区	水库灌区	永安水库	2.00	1.50	0.20	0.50	0	0.70
		新发灌区	水库灌区	新发水库	3.00	1.90	0.20	0.50	0	0.70
小计					5.00	3.40	0.40	1.00	0	1.40
毕拉河口水库—古城子	莫旗	诺敏镇灌区	引水灌区	诺敏河	7.00	5.70	0.10	0.20	0	0.30
		宝山节水灌区	提水灌区	诺敏河	7.50	2.60	0.00	0.80	0	0.80
		阿兴灌区	引水灌区	诺敏河	10.55	9.50	2.80	1.20	0	4.00
古城子以下	莫旗	团结灌区	水库灌区	诺敏河	17.30	17.00	5.50	6.32	0	11.82
		汉古尔河灌区	水库灌区	诺敏河	11.00	17.00	3.50	4.22	0	7.72
	甘南县	查哈阳灌区	引水灌区	诺敏河	58.40	62.00	55.00	0.00	0	55.00
小计					111.75	113.80	66.90	12.74	0	79.64
内蒙古					69.58	67.19	16.50	16.86	0	33.36
黑龙江					58.40	62.00	55.00	0.00	0	55.00
诺敏河流域					127.98	129.19	71.50	16.86	0	88.36

2.3.2.2 灌溉发展规模

1. 灌溉发展的基本思路

诺敏河流域水土资源丰富，是我国的主要粮食生产区，为国家粮食安全提供了坚实支撑。要保证国家粮食安全，增加粮食产量，提高耕地灌溉率是增产的主要途径之一，流域灌溉发展的基本思路如下：

（1）有计划扩大农田灌溉面积。建设国家粮食生产区，不可破坏林地和草地，也不可盲目地扩大耕地面积，而是要采取内涵式发展方式，以加强灌区渠系建设和田间工程配套、完善灌排体系与节水改造为主导，并加强灌区管理，通过控制性水利枢纽工程的建设解决工程性缺水，优化水资源配置，在现有灌区、耕地基础上发展农田灌溉面积，逐步解决现有耕地上影响粮食产量和质量的干旱、水土流失和土地肥力下降等问题。今后农业发展应在林草地面积不减少的前提下，提高耕地灌溉率，提高作物单产，增加粮食产量。

（2）适当发展现代高效节水农业。按照东北四省（自治区）节水增粮行动计划，诺敏河流域在内蒙古自治区境内主要发展现代高效节水灌溉农业，灌溉方式有喷灌和滴灌两种，灌溉水源包括地表水和地下水，项目实施时应分析地下水资源条件，严格禁止开采深层承压水，浅层地下水控制在可开采量范围之内。

预计2030年灌溉率由现状的23%提高到48%，还有52%的耕地为雨养农业区。规划灌溉面积中水浇地面积为115.02万亩，主要分布在支流格尼河中游、西瓦尔图河上游及诺敏河干流地区。按照《财政部、水利部、农业部关于支持黑龙江省、吉林省、内蒙古自治区、辽宁省实施“节水增粮行动”的意见》，应合理利用有限的水资源，在诺敏河流域适当发展现代高效节水农业灌溉面积。

2. 灌溉发展预测

根据流域水资源承载能力以及国家粮食安全的需要，规划水平年2030年流域有效灌溉面积为222.09万亩，其中农田有效灌溉面积为222.04万亩，林果地有效灌溉面积为0.05万亩。2030年农田有效灌溉面积中，水田为105.97万亩，主要分布在水资源相对丰富的支流格尼河中下游、西瓦尔图河下游及诺敏河干流下游地区；水浇地为115.02万亩，主要分布在支流格尼河中下游、西瓦尔图河中下游及诺敏河干流地区；菜田为1.05万亩。农业灌溉发展情况见表2.3-7。

表2.3-7　　农业灌溉发展情况　　单位：万亩

分　区	水平年	耕地面积	有效灌溉面积					
			农　田				林果地	合计
			水田	水浇地	菜田	小计		
内蒙古自治区	基准年	370.43	18.48	33.31	1.00	52.79	0.10	52.89
	2030年	370.43	36.96	95.02	1.05	133.03	0.06	133.09
黑龙江省	基准年	96.58	53.59	0.00	0.00	53.59	0.00	53.59
	2030年	96.58	69.01	20.00	0.00	89.01	0.01	89.02
诺敏河流域	基准年	467.01	72.07	33.31	1.00	106.38	0.10	106.48
	2030年	467.01	105.97	115.02	1.05	222.04	0.05	222.09

3. *灌溉制度*

(1) 灌溉设计保证率。水田、水浇地、菜田灌溉设计保证率均采用75%，林果地灌溉设计保证率采用50%。

(2) 灌溉制度。各月分配比例分别采用晓奇子水库和查哈阳灌区引水的月内分配过程。2030年内蒙古自治区灌区水田灌溉净定额464m^3/亩，水浇地灌溉定额140m^3/亩，菜田灌溉净定额167m^3/亩；黑龙江省水田灌溉净定额454m^3/亩，水浇地灌溉净定额130m^3/亩。经分析确定，2030年流域内渠灌区水田、水浇地灌溉水有效利用系数为0.61。

4. *万亩以上灌区规划*

应加快对现有灌区进行续建配套和节水改造，健全和完善农田供水保障体系，加强水资源管理，加快灌区水管体制改革；提高灌排骨干工程标准，完善渠系及田间灌排工程，恢复和提高蓄、引、提能力；解决干、支渠在输配水过程中的跑、冒、滴、漏问题，提高灌溉水的利用效率；加快对灌区渠首及渠系建筑物进行补强加固和维修改造，提高工程安全性能。

规划2030年30万亩以上大型灌区达到3处，其中扩建2处，全部在内蒙古自治区境内；原有灌区1处，为黑龙江省的查哈阳灌区。大型灌区位于诺敏河干流两侧的有2处，分别为尼尔基水库下游灌区、查哈阳灌区；位于格尼河上的为晓奇子水库下游灌区。2018 年 11 月 2 日，生态环境部环境影响评价与排放管理司会同水利部规划计划司在北京市主持召开了《诺敏河流域综合规划环境影响报告书》（以下简称《报告书》）审查会，根据环评审查意见，规划的诺敏镇灌区取消了位于森林公园内部分，灌溉面积削减了 3.29 万亩，由原来的 5.79 万亩减少到 2.5 万亩。万亩以上灌区规划情况见表 2.3-8。

2.3.2.3 灌溉用水规模

水田、水浇地、菜田灌溉设计保证率均采用 75%，林果地灌溉设计保证率均采用 50%。落实《报告书》意见后，诺敏镇灌区灌溉面积减少 3.29 万亩，预测到 2030 年农田灌溉需水量为 9.88 亿 m^3（供水量为 9.80 亿 m^3），林果地灌溉需水量为 0.001 亿 m^3。修改后的综合规划 2030 年诺敏河流域河道外地表水配置水量内蒙古自治区由 3.58 亿 m^3 调整为 3.34 亿 m^3，略有降低。流域地表水供水量由基准年的 7.08 亿 m^3 增加到 2030 年的 7.61 亿 m^3；地下水供水量由基准年的 0.59 亿 m^3 减少到 2030 年的 0.47 亿 m^3。灌溉供水情况见表 2.3-9。

在灌溉水量不超过水资源配置量的前提下，根据现代高效节水农业发展情况，各区灌溉发展规模在预测成果的基础上可适当调整，以满足国家粮食安全的需要。

2.3.3 水能资源开发要求

根据有关规程规范，水库调节性能较好的水电站，应考虑水资源统一调度及生态环境保护的要求，初步拟定水库调度运用原则，发电调度应服从防洪和水资源调度。

对于一般的水能资源开发项目，原则上应满足下列要求：

（1）满足生态环境用水要求。水电站建设不能造成电站下游河道断流，电站的调度应满足流域综合规划或水资源综合规划中确定的电站下游河道生态环境需水要求。

（2）满足水资源综合利用要求。水能资源的开发利用要满足流域水资源开发利用的要求。新建电站对开发河段的已有用水户造成影响的，需提出消除或弥补影响的对策措施；新建电站的建设和调度应服从流域

表 2.3-8 万亩以上灌区规划情况

分区	省（自治区）/地市	灌区名称	取水水源	设计引水流量/(m^3/s)	设计灌溉面积/万亩								
					地表水供水		地下水供水		尼尔基水库供水		小计		合计
					水田	水浇地	水田	水浇地	水田	水浇地	水田	水浇地	
格尼河	呼伦贝尔市	晓奇子水库下游灌区	格尼河	7.16	7.71	23.53					7.71	23.53	31.24
西瓦尔图河	呼伦贝尔市	新发灌区	西瓦尔图河	1.9	1	2					1	2	3
		永安灌区		1.5	0.5	1.5	0				0.5	1.5	2
诺敏河干流		诺敏镇灌区	诺敏河干流	5	2.5	0					2.5	0	2.5
		阿兴灌区	诺敏河干流	9.5	4.82	5.73					4.82	5.73	10.55
		宝山灌区	诺敏河干流	2.6		4.2					0	4.2	4.2
		小　计			8.82	13.43	0				8.82	13.43	22.25
	呼伦贝尔市	尼尔基水库下游灌区	尼尔基水库、诺敏河干流	33.53/2.95	1.29				19.1	9.88	20.39	9.88	30.27
	齐齐哈尔市	查哈阳灌区	诺敏河干流	62	69.01			20			69.01	20	89.01
诺敏河流域	内蒙古				17.82	36.96	0	0	19.1	9.88	17.82	46.84	83.76
	黑龙江				69.01			20			69.01	20	89.01
	合　计				86.83	36.96	0	20	19.1	9.88	105.93	66.84	172.77

表 2.3-9 灌溉供水情况 单位：万 m^3

水资源计算分区	省（自治区）/地市	水平年	地表水供水				地下水供水				尼尔基供水			太平湖供水	灌溉供水合计
			水田	水浇地	林果地	小计	水田	水浇地	菜田	小计	水田	水浇地	小计	水田	
毕拉河口水库以上	呼伦贝尔市	基准年	0	274	0	274									274
		2030年	0	6948	0	6948									6948
毕拉河口水库—古城子	呼伦贝尔市	基准年	4917	2098	176	7191									7191
		2030年	5398	1887	124	7409									7409
格尼河	呼伦贝尔市	基准年	2571	2110	0	4681									4681
		2030年	5604	4689	0	10293									10293
西瓦尔图河	呼伦贝尔市	基准年	845	960		1805	138			138					1943
		2030年	936	1758		2694	171			171					2865
古城子以下	呼伦贝尔市	基准年	9322	0	0	9322		3414	176	3590					12912
		2030年	951	0	0	951		899	127	1026	14082	1878	15960		17937
	齐齐哈尔市	基准年	47516	0	17	47534	2180			2180				1300	51014
		2030年	47769	0	8	47778		3471		3471				1300	52549
诺敏河流域	内蒙古	基准年	17655	5441	176	23272	138	3414	176	3728	0	0	0	0	27000
		2030年	12889	15282	124	28295	171	899	127	1197	14082	1878	15960	0	45452
	黑龙江	基准年	47516	0	17	47533	2180	0	0	2180	0	0	0	1300	51013
		2030年	47769	0	8	47778	0	3471	0	3471	0	0	0	1300	52549
	合计	基准年	65172	5441	193	70806	2318	3414	176	5908	0	0	0	1300	78014
		2030年	60658	15282	132	76072	171	4370	127	4668	14082	1878	15960	1300	98000

综合规划或水资源综合规划中确定的水资源综合开发利用目标。

(3) 满足防洪要求。水能资源的开发利用要满足流域防洪总体布局的要求，符合流域防洪规划；新建电站对开发河段有防洪影响的，需提出消除或减轻影响的对策措施。

2.4 水资源及水生态保护

2.4.1 水资源保护

2.4.1.1 总体布局

在水功能区水质现状评价基础上，综合分析流域层面水质、水量、水生态状况，结合当前国家发展战略对生态安全与水资源保护提出的新要求，以诺敏河干流和主要支流格尼河、毕拉河为保护主线，按照预防保护和治理保护两个层面，提出诺敏河流域水资源保护总体布局。

1. 保护主线

由诺敏河干流、格尼河、毕拉河构成的生态廊道，具有重要的生态功能，是生态保护的关键地带，对维持河流生态系统的健康稳定起到重要作用。重点保证河流连通性，保障重要控制断面生态基流及敏感生态需水，维系廊道的水生态功能。

2. 预防保护带

预防保护带是以源头水源涵养、湿地保护、水生态系统多样性保护和监督管理为主的地区，主要为国家主体功能区中自然保护区等禁止开发区和重点生态功能区等限制开发区域。预防保护带主要位于毕拉河流域，包括《全国主体功能区规划》中的大小兴安岭森林生态功能区、《全国生态功能区划（修编版）》中的大兴安岭中部水源涵养功能区，重点增强河源林区的水源涵养和生态屏障功能。

3. 治理保护区

治理保护区是以治理为主，治理与保护措施相结合的区域，包括流域内各旗（县）河段水环境综合治理、受损河流、湿地系统的修复与保护、河湖生态用水保障和地下水治理等。治理保护区主要为诺敏河干流中下游区域。

2.4.1.2 水功能区水质现状达标评价

1. 水功能区划

诺敏河流域共有12个一级水功能区，区划河长为1225.6km，其中，保护区6个，长度为637.9km；缓冲区1个，长度为84.7km；开发利用区5个，长度为503km。诺敏河流域共有5个二级水功能区，区划河长为503km，均为农业用水区。诺敏河流域水功能区划成果见表2.4-1。

规划期内，若水功能区及其目标、限排总量等发生调整，相关指标和整治措施按照新要求执行。

2. 水功能区水质现状达标评价

按照《地表水资源质量评价技术规程》（SL 395—2007）中的相关要求，对诺敏河流域重要江河湖泊水功能区进行水质现状达标评价，评价因子为双因子，参与评价的水功能区为12个。

2016年诺敏河流域水功能区个数达标率为为91.7%。长度达标率为97.7%。1个不达标水功能区为西瓦尔图河莫旗源头水保护区，超标因子为化学需氧量。流域达到Ⅲ类及以上水质的水功能区占比为100%，水质状况良好。

2.4.1.3 入河排污口及城镇饮用水水源地调查

根据第一次全国水利普查及《松花江流域水资源保护规划》成果，本流域现状无入河排污口及城镇集中式饮用水水源地，规划水平年也无新增城镇集中式饮用水源地。

2.4.1.4 水功能区纳污能力

1. 核定原则

（1）保护区的现状水质优于水质目标值时，其纳污能力采用其现状污染物入河量；需要改善水质的保护区，纳污能力计算方法同开发利用区纳污能力计算方法。

（2）省界缓冲区按开发利用区纳污能力计算方法计算，缓冲区现状入河量大于计算值时，采用计算值作为纳污能力；计算值大于现状污染物入河量时，采用现状污染物入河量作为纳污能力。

（3）开发利用区纳污能力根据各二级水功能区的设计条件和水质目

表 2.4-1　**诺敏河流域水功能区划成果**

序号	水资源一级区	水资源二级区	水资源三级区	省（自治区）	地市	水功能区		河流、湖（库）	范围		长度/km	水质目标	级别
						一级水功能区	二级水功能区		起始断面	终止断面			
1	松花江区	嫩江	尼尔基至江桥	内蒙古	呼伦贝尔市	诺敏河鄂旗源头水保护区		诺敏河	源头	东风经营所	158.3	Ⅱ	全国重要
2	松花江区	嫩江	尼尔基至江桥	内蒙古	呼伦贝尔市	诺敏河鄂旗开发利用区	诺敏河鄂旗农业用水区	诺敏河	东风经营所	宜卫	135	Ⅲ	全国重要
3	松花江区	嫩江	尼尔基至江桥	内蒙古	呼伦贝尔市	诺敏河莫旗开发利用区	诺敏河莫旗农业用水区	诺敏河	宜卫	五家子	83	Ⅲ	全国重要
4	松花江区	嫩江	尼尔基至江桥	内蒙古、黑龙江	呼伦贝尔市、齐齐哈尔市	诺敏河蒙黑缓冲区		诺敏河	五家子	入嫩江河口	84.7	Ⅲ	全国重要
5	松花江区	嫩江	尼尔基至江桥	内蒙古	呼伦贝尔市	毕拉河鄂旗源头水保护区		毕拉河	河源	神指峡水库	185.9	Ⅱ	全国重要
6	松花江区	嫩江	尼尔基至江桥	内蒙古	呼伦贝尔市	毕拉河鄂旗开发利用区	毕拉河鄂旗农业用水区	毕拉河	神指峡水库	入诺敏河河口	65	Ⅲ	全国重要
7	松花江区	嫩江	尼尔基至江桥	内蒙古	呼伦贝尔市	扎文河鄂旗源头水保护区		扎文河	河源	入毕拉河河口	100.3	Ⅱ	全国重要
8	松花江区	嫩江	尼尔基至江桥	内蒙古	呼伦贝尔市	格尼河阿荣旗源头水保护区		格尼河	河源	三号店	72	Ⅱ	省级
9	松花江区	嫩江	尼尔基至江桥	内蒙古	呼伦贝尔市	格尼河阿荣旗开发利用区	格尼河阿荣旗农业用水区	格尼河	三号店	入诺敏河河口	185	Ⅲ	省级
10	松花江区	嫩江	尼尔基至江桥	内蒙古	呼伦贝尔市	西瓦尔图河莫旗源头水保护区		西瓦尔图河	河源	永安水库入库	28.2	Ⅱ	省级
11	松花江区	嫩江	尼尔基至江桥	内蒙古	呼伦贝尔市	西瓦尔图河莫旗开发利用区	西瓦尔图河莫旗农业用水区	西瓦尔图河	永安水库入库	入诺敏河河口	35	Ⅳ	省级
12	松花江区	嫩江	尼尔基至江桥	内蒙古	呼伦贝尔市	讷门河鄂旗源头水保护区		讷门河	河源	入毕拉河河口	93.2	Ⅱ	省级

标，采用数学模型法计算。

(4)《全国主体功能区划》中禁止开发区涉及的水功能区，纳污能力原则为零。

2. 纳污能力

诺敏河流域基准年、2030年化学需氧量纳污能力均为5523.50t，氨氮纳污能力均为459.70t。

2.4.1.5 限制排污总量意见

在核定水功能区纳污能力的基础上，结合有关规划成果，分析区域经济技术水平、治污水平及趋势、河流水资源配置等因素，综合确定水功能区限制排污总量控制方案。

诺敏河流域2030年化学需氧量限制排污总量为1785.70t，氨氮限制排污总量为148.29t。其中，内蒙古自治区2030年化学需氧量限制排污总量为1785.70t，氨氮限制排污总量为148.29t；黑龙江省2030年化学需氧量、氨氮限制排污总量均为零。

2.4.1.6 水资源保护措施

诺敏河流域耕地面积较大，灌区分布较多，加强面源污染防治和重点区域水资源保护是诺敏河流域一项长期的战略任务。规划以满足水功能区水质要求为目标，根据污染物限制排污总量意见，从保护治理措施和保障措施入手，制定水资源保护方案，重点治理流域内面源污染，实现流域生态健康。

1. 保护治理措施

诺敏河流域灌区分布较多，面源污染不断增加，为有效控制诺敏河流域面源污染，应提高农田灌溉效率，减少农田退水，尤其是对水田种植退水进行重点引导与控制；大力推广生态农业、绿色农业、循环农业发展模式，打造无污染、无公害农业，减少化肥农药使用量；加强水源涵养，减少水土流失；保护生态环境，维护水生态平衡。

开展河道内源治理，实施“退渔还水”“退耕还湿”工程，取缔河道内耕地，还河道自然生境；对小二沟、查哈阳、团结、汉古尔河等灌区，逐步开展灌区退水生态治理工程，结合区域截、蓄、导、用工程，削减污染物入河量；充分发挥沿河湿地与排污沟渠的重要作用，建设灌区退水人工湿地与生态沟渠等净化工程，全面控制农业面源污染；对鄂旗、阿荣旗、莫旗、甘南县实施畜禽污染防治、农村生活垃圾集约化处置等措施。

2. 保障措施

（1）强化监督、管理、考核。水资源的开发利用要全流域统筹兼顾，坚持开发与保护并重，科学开源、治污为本。按照“减量化、再利用、资源化”的原则，建立长效机制，强化污染预防和全过程控制。深入落实水功能区纳污红线制度，严格执行限制排污总量意见，切实加强对水功能区、省界水体、重点河段等监督管理工作，实现提出的水资源保护目标。

（2）大力提倡清洁生产。严格执行《中华人民共和国清洁生产促进法》和有关产业政策规定，节约用水，强化中水回用，提高水的重复利用率。

（3）开展水资源保护科学研究。加强水资源保护研究，解决水资源保护工作中的技术问题，为流域水资源保护管理提供技术支撑。

（4）加大水资源保护宣传力度。广泛宣传有关水资源保护的法律法规，充分发挥新闻舆论监督、社会监督作用，鼓励公众参与。

2.4.1.7 入河排污口管理

根据江河湖泊水功能区划及其水质保护要求，结合区域经济产业布局及城镇规划等，对新建入河排污口设置进行分类指导，新建入河排污口应在相应水功能区达标的情况下进行设置。

执行入河排污口登记和审批制度，对新建入河排污口依法进行申请和审批，严格论证，存档备案；严禁直接向河道排放超标工业和生活废污水，科学开展废污水入河之前的生态处理。

2.4.1.8 水功能区水质监测方案

目前诺敏河流域有常规水质监测断面2个，分别为古城子、萨马街。建议在常规监测断面和水功能区增设的监测断面基础上，结合规划工程进一步新增2个地表水常规水质监测断面，分别为诺敏河干流的毕拉河口水库断面和诺敏河支流格尼河的晓奇子水库断面。

2.4.2 水生态保护

2.4.2.1 水生态状况

1. 水生生境条件

诺敏河属山区性河流，河床底质为巨石、砾石和卵石，干流诺敏镇以上河段河道两岸植被覆盖率较高，河水较清澈、水量较充足、水环境优越，是冷水性鱼类的重要分布区；诺敏镇以下河段人为干扰相对较高，分布有大面积的耕地，植被覆盖率较上游低。诺敏河支流毕拉河、格尼河沿岸植被覆盖度较高，河床为砂砾底质，分布有冷水性鱼类产卵场。毕拉河干流建有达尔滨湖国家森林公园和毕拉河国家级自然保护区，其生态环境保护较好。格尼河受林场采伐及耕地开垦影响，冷水性鱼类资源栖息分布范围缩小、种群数量减少，产卵场主要分布在上游河段。

2. 水生生物资源

诺敏河流域水生生物资源丰富，水生态环境状况较好。分布有鱼类7目14科47种，其中5种鱼类列入《中国濒危动物红皮书·鱼类》名录，细鳞鲑为濒危等级，哲罗鲑、雷氏七鳃鳗、黑龙江茴鱼和怀头鲇为易危等级；冷水性鱼类5目8科12种；特有鱼类3种；土著鱼类46种，鳙鱼为引进种。干支流分布有鱼类产卵场、越冬场及索饵场，其中细鳞鲑、哲罗鲑和黑龙江茴鱼等冷水性鱼类的产卵场主要分布于毕拉河北大河林场、温库图林场以上河段，格尼河上游，诺敏河干流斯木科以上河段及上游主要支流。

3. 鱼类资源分布及保护要求

诺敏河中上游及支流河段分布有鱼类重要产卵场、越冬场及洄游通道。尤其诺敏河干流斯木科以上河段和毕拉河、格尼河上游是细鳞鲑、哲罗鲑、黑龙江茴鱼、杂色杜父鱼等冷水性鱼类产卵场及主要分布区。诺敏河干流、毕拉河、格尼河深水河段是冷水性鱼类的越冬区；诺敏河下游是鲤、鲢、泥鳅等偏温水型鱼类的主要分布区。

水生生态环境保护要求：诺敏河中上游及其支流生态环境良好，尤其诺敏河干流斯木科以上河段和毕拉河、格尼河上游是冷水性鱼类分布密集区，对嫩江尼尔基下游珍稀冷水性鱼类的保护具有重要意义，应作为保护性河段。诺敏河下游河段为限制性开发河段。

4. 流域湿地资源

诺敏河流域位于大兴安岭南麓，流域水量较充足，湖泊、泡泽较多，流域内湿地植被类型主要为修氏苔草—乌拉苔草沼泽，主要分布于诺敏河沿岸河滩低地及河湾曲流形成的水洼地等处。根据调查，诺敏河流域无国际及国家重要湿地，有毕拉河国家级自然保护区。

2.4.2.2 水生态保护目标与主要保护对象

1. 规划目标

在流域治理开发的同时，维系流域良好的河流、湿地生态环境，保证河道生态需水，保护河道纵向连通性；对水生态作用显著的重点水利工程实施生态调度；主要鱼类及栖息地、珍稀特有鱼类得到有效保护，冷水性鱼类产卵场等重要水生生境得到全面改善，水生态系统保持良性循环。

2. 重点保护区域和保护对象

诺敏河分布有珍稀濒危保护鱼类及其重要产卵场、索饵场、越冬场，是冷水性鱼类的主要分布区，是水生态保护与修复的重点对象。

（1）优先保护鱼类。依据《国家重点保护野生动物名录》《濒危野生动植物种国际贸易公约》附录Ⅰ、附录Ⅱ、附录Ⅲ，《中国濒危动物红皮书·鱼类》及调查获得的流域鱼类组成和分布，根据鱼类的濒危程度、经济和学术价值，确定诺敏河流域优先保护的鱼类为 6 目 9 科 10 种，见表 2.4-2。

表 2.4-2　　诺敏河优先保护鱼类名录

目	科	种　类
七鳃鳗目 Petromyzoniformes	七鳃鳗科 Petromyzonidae	雷氏七鳃鳗 *Lampetra reissneri* (Dybowski)
鲑形目 Salmoniformes	鲑科 Salmoniformes	哲罗鲑 *Hucho taimen* (Pallas)
		细鳞鲑 *Brachymystax lenok* (Pallas)
	茴鱼科 Thymallidae	黑龙江茴鱼 *Thymallus arcticus grubei* (Dybowski)
	狗鱼科 Esocidae	黑斑狗鱼 *Esox reicherti* (Dybowski)

续表

目	科	种　类
鲤形目 Cypriniformes	鲤科 Cyprinidae	唇䱻 *Hemibarbus labeo* (Pallas)
	鳅科 Cobitidae	花斑副沙鳅 *Parabotia fasciata* (Dabry)
鲇形目 Siluriformes	鲇科 Siluridae	怀头鲇 *Silurus soldatovi*
鳕形目 Gadiformes	鳕科 Gadidae	江鳕 *Lota lata* (Linnaeus)
鲉形目 Scorpaeniformes	杜父鱼科 Cottidae	杂色杜父鱼 *Cottus poecilopus* (Heckel)

(2) 产卵场分布。

1) 冷水性鱼类产卵场：哲罗鲑、细鳞鲑和黑龙江茴鱼等冷水性鱼类的产卵场，主要分布于毕拉河北大河林场和温库图林场以上河段、诺敏河干流斯木科以上河段及上游几条主要支流。

2) 黏性卵鱼类产卵场：鲤、银鲫等产黏性卵的鱼类产卵场较多，主要分布在江湾、江汊，以及水浅、水草繁茂的河段。

(3) 索饵场分布。诺敏河中上游及支流水深较浅的沿岸带、水流较缓的河湾处、水温较低、透明度较高、水生昆虫富集的浅水区，都为冷水性鱼类的索饵场；下游水温较高、光合作用剧烈、水生生物的生物量高、水生植物较多的水域为温水性鱼类索饵场。

(4) 越冬场分布。诺敏河鱼类越冬场主要分布在干流的深水处，冷水性鱼类越冬场主要分布在鄂伦春自治旗伊威达瓦村至诺敏镇河段和毕拉河口河段。这些水域水质清澈，底质多为鹅卵石、石砾砂底，平均水深为4m，冬季冰下水深保持在3～5m，并且有一定的水流。

(5) 重要湿地。毕拉河国家级自然保护区位于内蒙古大兴安岭毕拉河林业局达尔滨湖林场和扎文河林场境内，属"内陆湿地和水域生态系统类型"的湿地自然保护区，其重点保护对象为原始森林、森林沼泽、湿地沼泽及其珍稀濒危野生动植物等。

2.4.2.3 水生态保护与修复对策措施

1. 生态保护与修复对策措施

(1) 河源区及栖息地保护。加强诺敏河河源区、上游水源涵养林和湿地的保护与建设，控制土壤侵蚀，维护诺敏河源区生态安全，保证城乡供水安全；将诺敏河干流及上游支流、毕拉河及其支流作为重要栖息地纳入优先保护水域，加强栖息地修复与保护。

（2）河流廊道修复与管理。加强诺敏河及其一级支流廊道生态修复与管理，对位于生态保护红线等禁止开发区范围的小水库应依法依规提出退出机制，保证鱼类洄游畅通。在河岸两侧应维系和建设林、灌、草植被系统，提高植被覆盖率。优化诺敏河干流查哈阳渠首运行机制，对工程破坏严重的河段进行修复。选择适宜干流下游河段，在鱼类繁殖期增设人工鱼巢。新发水库、永安水库、四合水库等水库采取河流连通的工程措施、鱼类增殖等补救措施，恢复流域连通性，减缓对珍稀冷水性鱼类的不利影响。有效控制农业面源污染，改善诺敏河流域水质，维护和修复河流生态功能。对破坏严重、有明显冲刷的堤岸，采取生态工程措施，阻止沿岸泥沙进入河道，减轻面源污染。严禁人为取直河道，破坏生物生境。

（3）生态敏感河段保护及水生生物资源养护。加强诺敏河水生生物资源养护，上游河流以保护细鳞鲑、哲罗鲑等冷水性鱼类及原始生境为重点，中下游以保护鲢鳙等重要经济鱼类及其产卵场为重点，综合运用生境保护与修复、鱼类增殖放流等手段，保护诺敏河水生生物资源。

诺敏河干流及上游支流、毕拉河及其支流是珍稀濒危鱼类主要分布区和冷水性鱼类“三场”密集区，目前尚未建设控制性拦河水利工程，可满足冷水性鱼类等保护鱼类生活史要求，具有重要保护价值。为了保护诺敏河流域水生生态环境，维系鱼类资源，要严格按照栖息地保护要求进行管理。

对诺敏河干流已建工程采取优化运行机制、过鱼设施、鱼类增殖放流等措施，对工程破坏严重的河段进行修复，恢复诺敏河水生生物资源。

（4）湿地保护与修复。优化诺敏河流域水资源配置，加强农业节水、提高用水效率，协调区域生产、生活、生态用水，保证主要控制断面流量及下泄过程。规范人类生产活动，保护自然植被，并逐步开展退耕还湿、控制面源污染等保护措施，改善湿地生态环境。加强流域干支流河源区、自然保护区湿地保护，限制旅游开发及林地采伐等行为。

（5）自然保护区及森林公园保护与修复。加强水土保持生态建设，适度退耕还林，进一步提高森林覆盖率，防治水土流失，严格控制面源污染，保护自然保护区。规范国家森林公园旅游业，治理旅游业及相关产业带来的污染。

（6）控制面源污染。诺敏河干流、格尼河和西瓦尔图河面源污染负荷较重，应重视面源污染的控制，积极发展绿色农业，深化保护性耕作，推广测土配方施肥技术，有效治理畜禽养殖污水，推进农业面源污染综合治理。对于水田灌溉退水，应该加大处理能力，通过营造人工湿地，减少水田退水对河流水质的影响。

2. 生态需水量保障及保护措施

科学合理地进行诺敏河流域水资源优化配置，保证重要控制断面最小生态流量，各水库需采取生态调度及联合调度，严格按照小二沟、古城子、格尼断面生态需水量要求下泄。

2.4.2.4 水生态监测方案

1. 水生生境监测

水生生境监测主要包括水量、流量、流速、水位、水质、水温等。

2. 水生生物监测

水生生物监测主要包括浮游植物、浮游动物、底栖动物、水生维管束植物的种类、分布、密度、生物量等。

3. 鱼类监测

鱼类监测主要包括鱼类的种类组成、结构、资源量的时空分布，重点监测规划实施前后物种濒危程度和鱼类种群资源变化趋势，分析规划对鱼类的累积性影响；流域产卵场的分布与规模变化，包括产卵期分布区、繁殖时间和繁殖种群的规模等。监测范围为诺敏河干流及格尼河、毕拉河等主要支流，重点监测干支流中上游冷水性鱼类重要分布区及产卵场。

2.5 水土保持

2.5.1 水土流失及水土保持概况

2.5.1.1 水土流失概况

诺敏河流域位于大兴安岭南麓，属中高纬度地区。春季多风少雨，降水分布不均，年降水的 65%～70%集中在 7—8 月，且常以暴雨形式出现；流域内土壤养分高、抗蚀性差；流域地貌主要为山地和丘陵漫岗，山多坡多；当地农民耕作方式粗放，用养失调，这些因素综合在一起极易造成水土流失。此外，流域内春季积雪的迅速融化也极易形成径流，携带泥沙流入嫩江。流域中上游森林草原资源丰富，天然植被盖度高，对保持水土、涵养水源起到了举足轻重的作用。

流域土地利用以林地、草地为主，分别为 18519km^2、4060km^2，坡耕地主要分布在流域下游。流域土壤侵蚀以水力侵蚀为主，截至 2017 年水蚀面积为 2463km^2。诺敏河上游毕拉河地区以轻度水蚀为主，格尼河及诺敏河中下游以轻度、中度水蚀为主。

2.5.1.2 水土保持概况

截至 2017 年年底，诺敏河流域累计水土保持治理面积 776km^2，其中内蒙古自治区 719km^2，黑龙江省 57km^2，多为封禁等预防保护措施。自 2014 年开始实施坡耕地和侵蚀沟治理，累计坡面治理面积为 45.12km^2，仅占治理面积的 5.8%，主要集中在内蒙古阿荣旗和莫旗。流域内现有呼伦贝尔盟、齐齐哈尔市 2 个水土保持监测分站。

2.5.2 规划目标和规模

1. 规划目标

2030 年，建成与流域经济社会发展相适应的水土流失综合防治体系，流域新增水土流失综合防治面积为 2093km^2，中度及以上侵蚀面积大幅减少，耕地和黑土资源得到有效保护，流域水源涵蓄能力明显提高，生态实现良性循环。

2. 规划规模

完成新增水土流失综合防治面积 2093km^2，其中预防保护面积 1245km^2，综合治理面积 848km^2。

2.5.3 水土保持分区及防治布局

2.5.3.1 水土保持分区

依据全国水土保持区划成果，本次规划诺敏河流域划分为大兴安岭山地水源涵养生态维护区和大兴安岭东南低山丘陵土壤保持区两个水土保持区，区划结果见表2.5-1。

表2.5-1　诺敏河流域水土保持区划表

一级区	二级区	三级区	省（自治区）	市（县）	面积/km^2
东北黑土区	大小兴安岭山地区	大兴安岭山地水源涵养生态维护区	内蒙古自治区	鄂旗	19060
	大兴安岭东南山地丘陵区	大兴安岭东南低山丘陵土壤保持区	黑龙江省	甘南县（含查哈阳农场）	914
			内蒙古自治区	阿荣旗、莫旗	8009
合　计					27983

（1）大兴安岭山地水源涵养生态维护区：本区以大兴安岭林区为主，行政区域涉及鄂旗，总面积为19060km^2。本区地貌类型为中低山地，自然植被以森林和森林草原为主，地带性土壤为暗棕壤和灰色森林土。水土流失主要发生在稀疏林地和稀疏草地，水力侵蚀面积为529km^2，轻、中度侵蚀为主，同时有冻融侵蚀现象。诺敏河中游干流附近散落着居民点，开始向农用地过渡，局部侵蚀达到强烈甚至剧烈。本区因气候寒冷，植被生长缓慢，一旦破坏，薄层表土极易流失，生态功能恢复难度大。

（2）大兴安岭东南低山丘陵土壤保持区：本区位于大兴安岭东南麓，由大兴安岭林地向农用地过渡，涉及阿荣旗的东部、莫旗的西部和甘南县的一小部分，总面积为8923km^2。自然植被为森林草原及草甸草原，地带性土壤为黑土、暗棕壤。该区坡耕地较多，耕作方式粗放，是流域内水土流失最严重的区域，局部坡耕地侵蚀沟发育达到强烈程度。本区全部为水力侵蚀，水蚀面积1934km^2，侵蚀强度以中、轻度为主。

2.5.3.2　防治布局

诺敏河流域中上游水土保持主导功能为水源涵养和生态维护，水土保持重点是预防保护，采取封山育林、抚育更新等措施恢复林缘失地，加强天然林保护与管理，减少人为活动的影响；诺敏河流域中下游以预防保护为主，采取植树种草和疏林地补植等措施增加植被盖度，流域南部农用地比例高，水土保持重点是控制坡面侵蚀，加强侵蚀沟道治理和生态清洁型小流域治理。

2.5.3.3 重点防治区

根据国务院批复的《全国水土保持规划（2015—2030 年）》，诺敏河流域内分布有大兴安岭国家级水土流失重点预防区和大兴安岭东麓国家级水土流失重点治理区，分布情况见表 2.5-2。

表 2.5-2 国家级水土流失重点防治区在诺敏河流域的分布情况

国家级水土流失重点防治区	省（自治区）	县（市、区）
大兴安岭国家级水土流失重点预防区	内蒙古	鄂旗
大兴安岭东麓国家级水土流失重点治理区	黑龙江	甘南县
	内蒙古	莫旗、阿荣旗

2.5.4 预防保护

按照“预防为主，保护优先”的原则，加强对诺敏河流域的预防保护力度。根据规划目标及总体布局，确定诺敏河流域预防保护规模 1245km^2。

根据《全国水土保持规划》和流域涉及的重点预防区，确定嫩江源头区保护和尼尔基饮用水源地保护为重点预防项目，涉及鄂旗和莫旗。前者以封育保护为主，实现生态自我修复，后者建设水源涵养林及清洁小流域，减少入河泥沙及面源污染。

2.5.5 综合治理

坚持“综合治理、因地制宜”，合理配置治理措施，工程措施、林草措施和预防保护措施相结合；以小流域综合治理为重点，侵蚀沟治理辅以坡耕地治理，形成综合防护体系，维护黑土资源可持续利用。

规划流域新增水土保持综合治理面积 848km^2，其中坡耕地治理 144km^2。以大兴安岭东南低山丘陵土壤保持区为主要范围，统筹正在实施的水土保持等生态重点工程，考虑治理需求迫切、集中连片、水土流失治理程度较低的区域，确定坡耕地水土流失综合治理、侵蚀沟综合治理、重点区域水土流失综合治理等重点项目。

2.5.6 预防监督管理

严禁毁林开荒、滥伐林木、过度放牧等活动；建立管护网络，将预防管护工作纳入当地水土保持监督执法日常工作；对疏林地要依靠自然修复能力恢复其生态功能；探索生态保护补偿机制。提高生产建设项目准入条件，落实“三同时”制度，完善生产建设项目水土保持监督管理和验收制度，控制人为水土流失的发生。

2.5.7 监测预报

通过卫星遥感、无人机等先进技术手段开展区域调查、定点监测、重点调查，实现覆盖全流域的水土流失及其防治效果的动态监测和评价，为水土流失预防、治理和水土资源保育提供科学依据。在诺敏河下游莫旗境内建立水土流失监测点，开展径流小区和卡口站径流泥沙观测。

2.5.8 科技示范与推广

根据诺敏河流域水土流失和水土保持特点，围绕制约流域水土保持发展的重要问题和关键技术，开展冻融-融雪-重力复合作用下侵蚀沟发育特征、水源地保护、侵蚀沟防治技术等课题研究。同时结合开展的水土保持重点治理项目，选择典型小流域（区域），以侵蚀沟综合治理技术、面源污染防治技术为重点开展样板示范推广。

2.6 流域综合管理

2.6.1 流域管理现状

根据《中华人民共和国水法》《中华人民共和国防洪法》等法律法规，诺敏河流域实行流域管理与行政区域管理相结合的管理体制。流域机构主要负责水资源的统一管理和职责分工范围内的取水许可、水资源保护、水土保持等，组织各省人民政府水行政主管部门编制省际边界河流的综合规划和专项规划并监督实施，协调省际边界水事纠纷等；地方水行政主管部门主要负责辖区内各类水工程和各业用水户的管理等。

2.6.2 规划目标

按照权威、统一、高效的流域管理体制要求，进一步明晰流域管理机构与地方水行政主管部门之间的事权划分并形成有效的运行保障机制，建立健全流域管理与区域管理相结合的各项流域管理制度。深入贯彻中央关于推进生态文明建设的决策部署，全面推进落实河长制湖长制，强化河流水域岸线保护和涉水活动监管，促进河流面貌根本好转。加强流域水资源优化配置和水量统一调度，确保重要断面生态水量符合诺敏河流域综合规划和已批复的水量分配方案要求。加强水土流失治理，强化水土保持监测和监督管理。高度重视生态环境保护，严格落实规划环境影响报告书审查意见，依法依规严守生态保护红线，进一步增强生态环境保护的责任意识、红线意识、法律意识。

诺敏河流域水资源比较丰富，经济社会发展对水资源需求量不大，水资源开发利用程度也不高，且涉及内蒙古、黑龙江两省（自治区）间用水问题，所处嫩江流域又是东北地区水资源供需矛盾最突出的区域之一。应在加强流域水利基础设施建设的同时，通过实行最严格的水资源管理制度、强化水资源统一配置和有效调控等进一步加强管理，健全流域管理与区域管理相结合的管理体制与工作机制。

2.6.2.1 管理体制

进一步明晰事权划分，理顺流域管理与行政区域管理的关系，逐步建立各方参与、民主协商、科学决策、分工负责的流域议事决策和高效执行机制。通过运用法律、经济、行政等综合手段，加强涉水事务统一管理；及时向社会提供流域管理基础信息。流域管理机构应按照国家法律法规规定和国务院水行政主管部门赋予的职能，进一步加强流域水资源统一规划、配置和管理工作，强化跨流域水资源调度管理和取水总量控制，完善流域防汛抗旱工程体系和非工程措施，规范涉河建设行为，保障流域水资源节约保护与开发利用的公平、高效和可持续性。地方水行政主管部门应以流域规划为基础，进一步明晰管理范围，加强对辖区内各类水工程和各业用水户的管理，及时、规范通报基础水信息。

2.6.2.2 工作机制

考虑诺敏河流域管理实际，重点建立如下工作机制：

（1）建立跨省水事协调机制。建立跨省水事协调机制，制定合作议事章程，设定协调的基本原则、方式、程序，协调解决水资源开发利用与保护的重大问题。

（2）建立流域民主协商决策机制。建立由流域管理机构、有关省（自治区）人民政府、部门和利益相关者共同参与的流域民主协商决策机制，使流域重大涉水事务决策建立在民主协商的基础上，流域整体利益、区域利益和行业利益在协商过程中得到充分体现和协调，增强区域执行流域管理决策的自律性，并建立相应的议事规则例会制度和信息公告制度，保障决策的民主化和透明性。

（3）建立有效的执行和监督机制。为确保协商决策结果和流域规划目标的有效落实，应建立起有效的执行机制和监督机制。要进一步理顺各级水行政主管部门的职责分工，使工作任务能够有效贯彻到基层，贯彻到各项实际工作中。监督机制的建立不仅应包括流域层面对行政区域层面的监督、上级水行政主管部门对下级水行政主管部门的监督，也应包括社会机构、公众等对涉水行业的监督，监督方式可以包括调查、检查、评估、媒体公示、问责等。

（4）建立信息共享机制。以现代高新技术改进传统管理方式，推进水利信息化进程，建立以流域为单元、开放性的水利信息管理系统，实现流域与行政区域信息共享。共享信息应重点涵盖水文数据、水雨旱情信息、供用耗排水量、水功能区水质以及水土流失等信息。

（5）完善省界断面水量责任监督机制。诺敏河水量调度应遵循总量控制、断面流量控制、分级管理、分级负责的原则。强化省界断面流量的监测、监督和控制能力，提高水量调度方案的执行力。建立省界断面流量责任考核指标体系，加强流域管理机构对省界断面流量的责任监督。定期将省界断面流量执行情况向国务院水行政主管部门、省人民政府通报，并及时向社会公告，确保省界断面流量（水量）达到规定要求。

2.6.3 防洪减灾管理

根据职责分工权限，进一步明确流域防汛抗旱指挥机构职责定位，落实责任、细化措施；完善流域防汛抗旱指挥机构工作规则和应急响应工作规程，确保各项职责和任务的贯彻落实；认真开展汛前检查，抓好实战演练，切实做好水雨情旱情墒情预测预报，修编流域预报方案，强化与气象部门和省（自治区）信息共享，不断提高洪水预报精度；开展动态洪水风险图编制并加大推广应用力度，加强防汛抗旱形势分析、洪水预报预警、工程调度、风险分析、应急处置等。

2.6.4 水资源管理

坚持节水优先，将节水贯穿于水资源管理的全过程，加强流域水资源优化配置和水量统一调度，确保重要断面生态水量符合诺敏河流域综合规划和已批复的水量分配方案要求。

对规划的流域大中型水资源开发利用建设项目开展节水评价，开展省（自治区）用水定额评估和县域节水型社会达标建设监督检查，加快推进流域节水型社会建设。按《诺敏河流域水量分配方案》确定的水量份额，合理配置水资源，严格实行水资源消耗总量和强度双控，完成流域水量调度方案，优化水利工程调度，完善流域生态流量控制目标，确保重要监测断面生态流量保证程度，确保流域主要控制断面下泄水量。严格取水许可审批和监管，在不断加强重点取用水户管理的基础上，逐步实现对全流域取用水情况和地方水行政主管部门审批行为的监管。

加强对地下水位的动态监测，对地下水压采效果进行评价，建立信息通报制度，定期向社会公布地下水动态信息，强化舆论的监督作用。实施地下水开采量和水位双控，逐步完善地下水管理制度。

2.6.5 水资源保护

切实加强水功能区和入河排污口监督管理，建立入河污染物总量控制制度，加强水质监测和评价，建立重大水污染应急管理机制，实现河流生态系统良性演化。切实加强饮用水水源地保护，属地主管部门应制定水源地保护办法，并制定饮用水源污染事故应急预案。

2.6.5.1 加强水功能区管理

完善水功能区监督管理制度，建立水功能区水质达标评价体系，加强水功能区动态监测和科学管理，从严核定水功能区纳污能力，严格控制入河排污总量。切实强化水污染防控，加强工业污染源控制，加大主要污染物减排力度，提高城市污水处理率，改善流域水环境质量。

2.6.5.2 完善流域监测体制建设

加强省界水体、重要控制断面、取水许可退水水质等常规监测，以及与突发性水污染事故的应急监测相结合的流域水质监测体系建设。加强对地下水的保护及监控管理，建立健全地下水长期观测站网，建立信息通报制度，科学控制开采量，保护地下水水质。

适时拓展监测领域，开展对流域水生态的常规监测，保证重点河段的生态基流，维持河流、湿地基本生态需水要求。加强水利工程生态影响评估，探索有利于保护水生态和水环境的水利工程调度模式，逐步建立生态用水保障和补偿机制。

2.6.5.3 完善流域水资源保护与水污染防治协作机制

完善流域区域结合、部门联动的水资源保护和水污染防治机制，特别是信息共享和重大问题协商与决策机制。健全重大水污染应急管理机制，建立重大水污染事件专家咨询机制，为应急处理工作提供技术支持。

2.6.6 水土保持监督管理

完善预防保护制度，明确职责，落实责任，形成完善的管理制度体系和宣传工作体系。充分发挥各级监督管护组织的作用，探索生态保护补偿机制。

完善建设项目监督管理制度，控制人为水土流失，完善水土保持督查和验收制度，依法征收水土保持设施（水土流失）补偿费、水土流失防治费。加强执法能力建设，提高监督执法快速反应能力。鼓励社会力量参与水土流失治理，明确使用权和管护权，建立责权利统一、多元化投入的水土流失治理机制。

2.6.7 河湖管理

全面推进落实河长制湖长制，切实强化河湖管理，打好河湖管理攻坚战，聚焦管好“盆”和“水”，充分运用省级联系跟踪机制，发挥联席会议和技术协调小组作用，协调解决流域河长制湖长制工作中的难点问题。以河湖“清四乱”为重点，加强对地方河长制湖长制落实情况的暗访督查，对发现的问题及时跟踪督导，促进解决河湖管理顽疾；强化流域控制断面特别是省际断面的水量、水质监测评价，并将监测结果及时通报有关部门，作为评价河长制湖长制落实成效的重要依据。依法依规划定河湖管理范围，明确河湖管理边界线。编制河湖岸线保护与利用规划，划定岸线保护区、保留区、控制利用区、开发利用区，加强河湖岸线分区管控和用途管制。持续加大河湖执法监管力度，完善河湖执法监管体制机制，强化多部门联合执法，严厉打击围垦河道、侵占岸线、非法采砂等违法违规行为。提高岸线资源集约利用水平，促进河湖休养生息，以健康完整的河湖功能支撑经济社会的可持续发展。

2.6.8 水利信息化

强化信息技术与水利业务的融合，推动安全实用、智慧高效的水利信息大系统构建，加快推进防汛抗旱、水工程建设、水资源开发利用等信息化系统建设，完成综合政务办公平台建设并上线运行，构筑坚实的水利信息化保障体系。

在国家防汛抗旱指挥系统（一期和二期）工程、全国水土保持监测网络与管理信息系统、农村水利信息管理系统、山洪灾害防治非工程措施、中小河流水文监测系统等基础上，依托水利政务外网信息系统建设，基本建成覆盖全流域的水利信息网络，建设和完善流域各类基础数据库。水利通信设施建设涵盖水库通信、应急通信、异地会商系统、水利信息网、水利卫星通信网等建设。按照全国的水利信息化规划和国家水利数据中心建设指导意见，建设和完善水利空间数据库、水文数据库、水利工程数据库、水资源数据库、防汛抗旱数据库、水土保持数据库、灌区信息化数据库、水利行政管理基础信息数据库等。

第3章

环境影响评价

3.1 评价范围和环境保护目标

3.1.1 评价范围

诺敏河流域综合规划主要环境要素评价范围见表3.1-1。

表3.1-1　诺敏河流域综合规划主要环境要素评价范围

环境要素	环境因子	评价范围
水文水资源	水文情势	诺敏河干流及主要支流
	水资源	诺敏河流域
水环境	水质	诺敏河干流及主要支流
生态环境	陆生生态	诺敏河流域
	水生生态	诺敏河干流及主要支流
	环境敏感区	自然保护区：流域目前已设立的自然保护区。 森林公园：流域目前已设立的省级及以上森林公园。 地质公园：流域目前已设立的省级及以上地质公园。 鱼类产卵场、索饵场、越冬场及洄游通道

3.1.2 流域功能定位和环境保护目标

1. 流域功能定位

诺敏河流域作为大兴安岭重要生态功能维护区和嫩江中上游冷水性鱼类重要栖息地、洄游通道，要坚持生态优先、绿色发展，将水资源开发利用程度控制在合理范围，提高水资源利用效率，保障生态环境需水，促进水资源可持续利用。

（1）诺敏河干流保护与开发定位。

1）东风经营所断面以上段：该区域为大兴安岭重要生态功能维护区、源头水保护区，定位为保护生态环境，严守生态红线，加强源头水保护。

2）东风经营所断面至毕拉河河口段：该区域为嫩江中上游冷水性鱼类重要栖息地，人口稀少，分布有珍稀冷水性鱼类，定位为保护重要水生生物。

3）毕拉河河口以下段：该区域人口聚集、经济社会相对发达，定位为保护生态环境和水环境，严守生态红线，开展生态修复，保证供水安全，提高防洪减灾能力，合理开发利用水资源。

（2）毕拉河保护与开发定位。该区域为大兴安岭重要生态功能维护、生物多样性保护优先区域，定位为保护生态环境，严守生态红线，加强源头水和生物多样性保护。

（3）格尼河保护与开发定位。

1）三号店断面以上段：该区域为源头水保护区，定位为保护生态环境，严守生态红线，加强源头水保护。

2）三号店断面以下段：该区域为开发利用区，定位为保护生态环境，严守生态红线，开展生态修复，加强水土保持，提高防洪减灾能力，合理开发利用水资源。

2. 环境保护目标

以环境影响识别为基础，根据流域综合规划及流域环境特点，初步确定各环境要素保护目标如下：

（1）水资源方面：水资源开发利用程度控制在合理范围，提高水资源利用效率，保障生态环境需水，促进水资源可持续利用。

(2) 水环境方面：维护河流、湖（库）水环境功能，保障水质安全。主要污染物入河总量控制在水功能区纳污能力范围之内，重要水功能区达标率达到95%。

(3) 生态环境方面：诺敏河流域为大兴安岭重要生态功能维护区，要保护生态系统结构和功能完整性，保护生物多样性，重点保护生态敏感区和珍稀濒危陆生野生动植物种群及其栖息地。诺敏河流域为嫩江中上游冷水性鱼类重要栖息地，要保障河流生态需水，保护重要水生生物及其生境，保留河流连通性，修复受损的鱼类洄游通道。

(4) 土地资源方面：合理利用和保护土地资源，减少规划实施对土地资源破坏，保持土地资源可持续利用。

(5) 社会环境方面：完善防洪减灾体系，改善城乡供水条件，提高群众饮水安全，促进流域经济社会可持续发展。

(6) 环境敏感区方面：环境敏感对象主要包括特殊生态敏感区（自然保护区）、重要生态敏感区（森林公园、地质公园）及重点保护物种等。

3.2 环境现状调查与评价

3.2.1 水资源及开发利用现状

诺敏河流域多年平均水资源总量为53.14亿m^3，其中地表水资源量为51.94亿m^3，地下水资源量为10.43亿m^3，地表水与地下水资源不重复量为1.20亿m^3。

流域现状水资源开发利用程度为16.3%，其中地表水开发利用程度为14.8%，地下水开发利用程度为51.3%。

3.2.2 水环境

按照《地表水资源质量评价技术规程》(SL 395—2007) 中的相关要求，对诺敏河流域进行水功能区纳污红线双指标考核达标评价。

2016年诺敏河流域水功能区个数达标率为91.7%，长度达标率为

97.7%，1 个不达标水功能区为西瓦尔图河莫旗源头水保护区，超标因子为化学需氧量。流域达到Ⅲ类及以上水质水功能区占比 100%，水质状况良好。

3.2.3 生态环境

1. 陆生生态

诺敏河流域植被覆盖良好，陆生植被主要包括林地植被、草地植被、农田植被、灌丛植被、沼泽湿地植被，以林地为主，其次是沼泽湿地和农田，草地和灌丛比重较低。

诺敏河流域动物区系属于古北界、东北亚界、大兴安岭亚区，区内分布有野生动物共 311 种，其中哺乳类 57 种、鸟类 240 种、两栖类 7 种、爬行类 7 种。有国家Ⅰ级保护野生动物黑鹳、白鹳、金雕、丹顶鹤、白鹤、黑嘴松鸡、紫貂、貂熊共 8 种，国家Ⅱ级保护野生动物 49 种，包括鸟类 41 种、兽类 8 种。流域代表动物有雪兔、松鸡等。近年来受森林采伐、林区开发建设、人为活动增多等影响，大型食肉类动物数量减少，小型兽类数量增加；而采伐较久的迹地，由于不断采伐和火烧，已渐向森林草原发展，草甸鼠种逐渐侵入。

2. 水生生态

诺敏河为山区河流，河流比降大，河床底质为巨石、砾石和卵石，泥土含量很低，水生动植物组成较为丰富。

诺敏河共有鱼类 7 目 14 科 47 种，其中鲤科鱼类 26 种，鳅科鱼类 5 种，鲶科 3 种，鲑科和鲇科各 2 种，狗鱼科、鳕科、茴鱼科、鳢科、塘鳢科、七鳃鳗科、杜父鱼科、鮨科、鰕虎鱼科各 1 种。包括中国濒危鱼类雷氏七鳃鳗、哲罗鲑（濒危级别濒危），细鳞鲑、黑龙江茴鱼和怀头鲇（濒危级别易危）。根据此次调查，诺敏河渔获物中数量较多的种类依次为银鲫、瓦氏雅罗鱼、花鲭、黄颡鱼、棒花鱼、麦穗鱼、江鳕等。

诺敏河冷水性鱼类产卵场主要分布于诺敏河中上游及毕拉河、格尼河等支流。

3.2.4 环境敏感区

流域环境敏感区主要包括 1 个国家级自然保护区，1 个国家级森林公园，1个地质公园，1个全国重点文物保护单位，重要鱼类“三场”、洄游通道等。诺敏河流域环境敏感区见表3.2-1。

表3.2-1　　诺敏河流域环境敏感区

序号	环境敏感区名称	行政区域	建立时间	主要保护对象	保护级别
1	毕拉河国家级自然保护区	呼伦贝尔市鄂伦春旗	2004年	森林沼泽、草本沼泽及珍稀濒危野生动植物	国家级
2	达尔滨湖国家级森林公园	呼伦贝尔市鄂伦春旗	1999年	森林生态系统	国家级
3	鄂伦春地质公园	呼伦贝尔市鄂伦春旗	2011年	火山地质遗迹	自治区级
4	金界壕遗迹	呼伦贝尔市阿荣旗、莫力达瓦达斡尔族自治旗，齐齐哈尔市甘南县	2001年	金界壕	国家级
5	重要鱼类“三场”及洄游通道			哲罗鲑、细鳞鲑、黑龙江茴鱼、雷氏七鳃鳗	

3.2.5 主要生态环境问题

1. 灌区退水对河流水质产生一定影响

诺敏河流域现状万亩以上灌区有12处，实际灌溉面积为88.36万亩，灌区退水对诺敏河流域局部河段水质产生一定影响。

2. 森林植被破坏，生态功能减弱，林缘线向北推移

受人类开发活动影响，诺敏河流域耕地面积不断扩大，致使林缘线已经由南向北推进到三岔河—得力其尔的马河一带，诺敏河流域以此为界分为北部林区和南部农区。由于森林生境变化，重要野生动物的适栖环境减少。

3. 河道连通性阻隔、鱼类资源下降

诺敏河是冷水性鱼类分布密集区及嫩江冷水性鱼类资源补给区。诺敏河下游查哈阳灌区渠首建设后，诺敏河与嫩江连通受阻。诺敏河下游

支流3座小型水库、1座中型水库建设后（未采取过鱼通道和增殖放流等措施）降低了河道的连通性。受工程阻隔、水文情势改变，加之林场采伐、过度捕捞等因素影响，诺敏河流域珍稀冷水性鱼类资源萎缩。库区鱼类资源多样性下降，水库下游减脱水河段水生态环境退化。

4. 草原出现退化

受气候变化及部分地区的超载过牧影响，流域部分地区出现了不同程度的草原退化、沙化现象，草原湿地涵养水源功能丧失。

5. 水土流失需要治理

诺敏河流域内土壤类型以黑土、暗棕壤、草甸土为主，土壤养分高，但抗蚀性较差；流域地貌主要为山地和丘陵漫岗，山坡多，容易造成水土流失。流域冻融侵蚀分布在诺敏河上游毕拉河地区，此区植被覆盖率高，以轻度侵蚀为主；水力侵蚀分布在格尼河及诺敏河中下游，以轻度、中度侵蚀为主，下游农区坡耕地较多，水土流失需要治理。

3.3 流域规划分析

3.3.1 规划协调性分析

1. 与国家法律法规协调性分析

规划的编制符合《中华人民共和国水法》《中华人民共和国环境保护法》等法律法规关于流域水资源开发利用、环境保护、水土保持、水污染防治、河道保护等的相关规定。规划指导思想、总体目标、主要工程布局等符合国家有关法律法规的要求，在法律法规层面不存在制约因素。

2. 与宏观政策协调性分析

规划符合国家产业政策导向，对流域防洪、灌溉、水土保持、水源工程建设及区域电力供应将产生深远影响，对促进经济社会又好又快发展具有重要推动作用，与当前的国家宏观政策相符合。

3. 与上层规划协调性分析

规划与《国民经济和社会发展第十三个五年规划纲要》《全国主体功能区规划》《全国生态功能区划（修编版）》《全国土地利用总体规划纲要》《国家综合防灾减灾规划》《全国新增1000亿斤粮食生产能力规划

（2009—2020 年）》《松花江流域综合规划（2012—2030 年）》和《松花江和辽河流域水资源综合规划》等上层规划是协调的。

4. 与同层规划协调性分析

规划与《内蒙古自治区国民经济和社会发展第十三个五年规划纲要》《黑龙江省国民经济和社会发展第十三个五年规划纲要》《内蒙古自治区主体功能区规划》《黑龙江省主体功能区规划》《内蒙古自治区环境保护“十三五”规划》《黑龙江省环境保护“十三五”规划》《内蒙古自治区土地利用总体规划》《黑龙江省土地利用总体规划》及《黑龙江省千亿斤粮食生产能力战略工程规划》等同层规划是协调的。

3.3.2 环境影响识别

诺敏河流域综合规划环境影响性质识别结果表明：规划对水资源、土地资源、地表水、地下水、水土流失等环境因子既有有利影响又有不利影响；对社会经济等社会环境因子主要为有利影响。

3.3.3 规划与环境影响评价的互动过程

环境影响评价与规划编制同步进行。按照“全程互动”原则，规划环评与规划编制单位紧密配合、积极沟通，适时提出调整意见与建议。规划方案充分考虑并采纳了规划环评的结论和建议，主要体现在以下方面。

1. “三线一单”内容增加及空间布局优化

诺敏河流域要坚持生态优先，绿色发展的理念，保护诺敏河流域生态环境整体性，防止流域湿地萎缩、鱼类生境受损等。规划报告中已将“三线一单”要求纳入环境影响评价，作为规划的约束条件，并根据河长制湖长制要求以及流域功能定位和环境保护目标，对规划任务和方案进行优化调整，以确保流域生态系统功能和环境质量改善。

规划报告进一步优化了水电站、灌区等建设内容；进一步论证了毕拉河口水利枢纽的功能定位、必要性，论证了规模选址的环境合理性；复核了堤防的位置，避免对保护湿地和鱼类栖息地生态功能产生不良环境影响。

2. 严格控制流域开发强度，优化开发方案

根据环境影响评价审查意见，在规划报告的环境影响评价中加强了与黑龙江省千亿斤粮食产能规划及规划环评的衔接。在水资源配置中明确了浅层地下水不超采，深层地下水不开采。在水生态保护中补充了重要断面生态流量及过程要求。在环境影响评价中纳入了环境准入负面清单。

3. 统筹干支流水生态保护，加强水生态修复

根据环评审查意见，在规划报告的水生态保护规划中补充不同河段保护及修复要求；全面梳理了流域已建小型水库、橡胶坝等拦河工程；优化了诺敏河干流查哈阳渠首运行机制；提出修复及改善河流生境措施，恢复流域连通性，减缓对珍稀冷水性鱼类的不利影响。

4. 严格控制流域污染物排放量，强化流域水环境综合整治

在规划报告的水资源及水生态保护中，补充了查哈阳乡等考核断面水环境质量达标的目标，提出了严格控制入河污染物排放总量的具体要求，提出了加强农业面源污染防治的治理措施。

5. 进一步提出流域综合管理要求

将全面推进落实河长制湖长制，加强流域综合管理，建立健全长效机制，建立健全水文、水环境、水生态等监测体系，并纳入规划报告的流域综合管理中。在规划报告的实施过程中，将严格按照要求开展环境影响跟踪评价，修编时重新编制环境影响报告书。

3.4 主要环境影响分析

3.4.1 对水文水资源的影响

1. 对水资源的影响

规划水平年嫩江干流尼尔基水库供给诺敏河流域尼尔基水库下游灌区的水量为 1.60 亿 m^3，嫩江支流黄蒿沟的太平湖水库供给查哈阳灌区的水量维持 0.13 亿 m^3 不变，流域水资源量有所增加。规划实施后，流域地表水开发利用程度略有提高，地下水开发利用程度有所降低。2030 年水资源开发利用程度为 16.6%，较现状（16.3%）提高 0.3%，其中，

地表水开发利用程度为15.6%，较现状（14.8%）提高0.8%，地下水开发利用程度为35.8%，较现状（51.3%）降低15.5%。2030年，水资源开发利用程度能够控制在40%合理范围以内。地下水资源配置量小于可开采量，用地表水置换地下水，降低了地下水开采量，达到了浅层地下水不超采、深层地下水不开采的目标，对流域是有利的。地表水资源消耗量约8亿m^3（包括尼尔基、太平湖水库供水消耗量），占地表水资源量的15%，较现状（11%）提高约4%。

2. 对水文情势的影响

格尼、小二沟、古城子断面冰冻期生态流量分别为$0.04m^3/s$、$2.22m^3/s$、$2.65m^3/s$，非汛期分别为$2.98m^3/s$、$18.63m^3/s$、$31.28m^3/s$，汛期分别为$8.95m^3/s$、$32.31m^3/s$、$46.92m^3/s$。最小生态流量满足程度在90%以上，基本能够满足最小生态流量要求。流域无国家及国际重要湿地，湿地主要为灌丛沼泽、草本沼泽。灌丛沼泽集中分布在格尼河上游及毕拉河下游；草本沼泽相对面积较大，多分布于沟谷、河谷及河漫滩地带，上述生态流量指标基本能够满足河滨湿地需水要求。

规划大型水库1座、中型水库1座，影响主要体现在库区水位上升、流速降低，以及下泄流量变化对坝址下游河段水文情势的影响等方面。丰水期下泄流量将有一定程度的减少，枯水期将有一定程度的增加，年内径流分配更为均匀。库区内泥沙淤积增多，坝下河道在一段范围内形成以冲刷为主的冲淤变化。堤防和护岸修建将束窄河道，减少洪水脉冲作用，提高洪水下泄能力，流速小幅增加，水位小幅上升，洪峰传播过程加快，减少了洪水期水流对坡岸的冲刷。2030年，查哈阳灌区、尼尔基水库下游灌区、晓奇子水库下游灌区地表水用水量分别增加0.02亿m^3、0.76亿m^3、0.56亿m^3，分别占所在断面多年平均径流量的0.04%、1.58%、7.28%。灌区开发对于河流下泄流量的影响相对较小。

规划水平年格尼、小二沟和古城子断面下泄流量比天然流量有所减少，灌溉期减少幅度相对较大，枯水期减少幅度相对较小或有所增加，多年平均径流下泄过程与天然过程相似。各月下泄流量基本满足最小生态流量要求。

3.4.2 对水环境的影响

1. 水温

毕拉河口水利枢纽5—10月下泄水水温低于天然河道水温，经48～76km的复温作用可以恢复到天然水温。小二沟灌区、库如奇灌区、阿兴灌区位于毕拉河口水利枢纽下游13～60km处，灌溉期水库下泄低温水可能会对水稻灌溉产生不利影响。

2. 水质

2030年，流域COD和氨氮入河总量分别为6297t/a和381t/a，灌区退水是污染物的主要来源，COD和氨氮入河量分别占流域总量的69.9%和58.6%。主要控制断面水质预测结果表明：各主要控制断面年度水质均满足考核要求。受城镇生产生活排污与枯水期流量较小的共同影响，格尼水文站断面枯水期COD和氨氮超标；受下游灌区退水影响，西瓦尔图河入诺敏河河口断面与查哈阳乡断面丰水期个别月份水质超标，但超标量较低。

3. 地下水环境

在不考虑灌区排水、地下水潜水蒸发和侧向径流排泄的条件下，诺敏河流域新增水田地下水位将有小幅上升。但地下水在接受灌溉入渗补给的时候，必然会产生新的潜水蒸发和侧向径流排泄量，并趋于新的地下水均衡。因此，灌溉对地下水水位抬升从而引发土壤盐渍化的影响较小。尼尔基水库下游内蒙古灌区和查哈阳灌区位于诺敏河流域下游平原区，地下水位埋深较浅，而且地势平缓，地下水径流条件相对较差，应加强对灌区地下水水位的监控。在灌区具体建设过程中，应合理布设灌区排水沟渠，考虑渠灌与井灌联合灌溉，严格控制地下水位在合理区间，有效防止土壤次生盐渍化等环境地质问题的发生。

3.4.3 对生态环境的影响

1. 对陆生生态环境的影响

(1) 对生态系统及完整性的影响。从区域自然系统的稳定状况分析，规划区的生态系统现状恢复稳定性能力相对适中，区域自然生态系统的阻抗稳定性较好。诺敏河流域规划工程实施将对区域生态系统结构和功能产生一定影响，并将进一步引起流域生态系统的恢复稳定性及阻抗稳定性的变化，规划实施后诺敏河流域内景观基质依然为林地，综合规划的实施将使流域内生物量增加，改善诺敏河流域生态系统功能，增加其稳定性。规划实施后流域内异质性降低，阻抗稳定性降低，但改变很小。

（2）对陆生植物的影响。规划工程实施将破坏区域的植物生境，会对物种多样性产生一定影响。对于某一生境的植物而言，不论其迁移或在群落中死亡，均会对群落的结构及生物多样性产生影响。规划工程占地虽可引起小尺度的局部生境的差异，但这种小尺度的生境差异在自然界中普遍存在，加之物种分布的不均性和生存空间的差异，不会对该区生物多样性造成明显威胁或较大幅度减少。

（3）对陆生动物的影响。规划工程实施后，拦河工程库区蓄水，灌区运行后渠系、沟道密度更为密集，增加了两栖及爬行类动物产卵、栖息需要的水域面积，尤其是增加了幼体的生存环境，不仅能促进种群的增长，还能吸引其他种类前来生活。

对流域哺乳类动物来说，森林动物类群多在流域内大面积山地林区活动，现有诺敏河干支流河道对野生动物活动有阻隔，规划工程基本不产生新的严重阻隔，除破坏部分栖息地外，规划工程运行对其活动影响不大；农田动物群与人类生产、生活活动伴生，规划水库工程及灌区运行对其影响不大；对灌、草丛动物群，由于区域灌、草丛分布面积比重不大且分散，工程若占用灌、草丛，将造成面积一定程度减少，使其栖息地面积一定程度下降。规划毕拉河口水库和晓奇子水库工程蓄水后，将形成库区水面，部分以兴安落叶松、蒙古栎林、柳灌丛、拂子茅草甸等林地及草甸栖息的动物将失去原有的栖息生境，但从整个流域来看，由于库周森林植被丰富，生境多样，潜在的生态位比较多，且由于以上各类动物为诺敏河流域的常见类型，所以，虽然蓄水淹没对评价范围内的野生动物栖息地有一定程度的不利影响，但影响不大。

区域保护野生动物多为森林动物，除规划工程实施破坏原有野生动物栖息环境，使其向周围相似生境中扩散，引起野生动物的趋避反应外，工程运行后对其影响不大。

规划水库工程库区建成蓄水后，将淹没现有部分河滩湿地及原有河道，但将在库周形成新的消落带湿地及更广阔的水域，可为各类水鸟提供新的栖息地和觅食地，其种群密度、种类数量可能有所增加。

规划涝区治理、灌区改造及水资源配置等内容会对农田生态类群鸟类产生一定影响，但这些鸟类活动范围非常广泛，所栖息的环境多种多样，食物多样，而规划工程建设所占比例不大，对其栖息环境和食物数量不会产生明显的影响。整体来说，规划工程对这些鸟类影响不大。

(4) 对湿地生态系统的影响。毕拉河口水库周边零星分布有修氏苔草沼泽和柳灌丛沼泽，水源补给类型主要为河流补给和地表径流，由于面积不大，沼泽湿地相应的生态需水量也较低。水库下游土地利用类型主要为农田，仅有小块沼泽湿地零星分布，灌溉用水对流域总体径流量影响不大。因此，水利工程及灌区建成后，对水库周边及下游沼泽湿地生态需水过程基本无影响，基本满足沼泽湿地发育所需的水位要求。毕拉河口水库建成后，库区会形成一定范围的静水区，库区水位上升的同时地下水位也会相应抬升，这将会加强地表水及地下水对库区周边湿地的水源补给作用。由于地表水位抬升，临近水源地区会成为永久淹水区，草本沼泽或灌丛沼泽向库塘湿地演替。

晓奇子水库淹没区内沼泽类型主要为柳灌丛沼泽和修氏苔草沼泽，因面积较小，对流域沼泽湿地总体影响可以忽略不计。晓奇子水库下游主要湿地类型为漫滩型和洪泛型沼泽，以修氏苔草沼泽为主，在格尼河晓奇子水库至马河汇合口沿河有小面积集中分布。蓄水工程会引起下游河流水量、淹水历时、淹没范围、漫滩频率等变化，因此，晓奇子水库的建设会对下游一定距离内的沼泽湿地产生影响，降低这一区域内沼泽湿地的河流补给能力，降低沼泽地表水位。原有的长期淹水区由于不定期得到水源补给，区域不断处于“干-湿”交替中，逐渐发育成为灌丛湿地、草本沼泽或盐化沼泽，而地势较高的区域不能得到足够的水源补给，在当地气候条件下发育形成湿地以外的生态系统。格尼河与马河汇合口以下因有其他支流对干流的补给作用，且沼泽湿地面积较小，晓奇子水库建成后，河流径流量仍能满足两岸沼泽湿地的补给要求。

工程拟建堤坝两岸以洪泛型沼泽和河漫滩型沼泽为主。规划诺敏至宝山段诺敏河修建堤防处有修氏苔草沼泽，水源补给类型主要为河流补给及大气降水。堤坝的建设使河流泛滥频率降低、泛滥幅度变小，使得附近沼泽湿地不受河流定期泛滥的影响，河流的补给作用减弱，转而以大气降水和地下水补给为主，导致这一类型的沼泽面积缩小。诺敏河下游沿岸广泛分布的湿地植被为寸苔草湿地草甸植被，集中分布在诺敏河干流两岸河漫滩等低湿地；乌拉草沼泽化草甸只有零星分布，寸苔草草甸为放牧退化演替次生群落，广泛分布在诺敏河及嫩江河漫滩、积水洼地等低湿地，群落结构简单。规划实施后，诺敏河干流河口区域查哈阳灌区、尼尔基水库下游灌区地表水用水量分别增加 0.02 亿 m^3、0.76 亿 m^3，分别占所在断面多年平均径流量的 0.04%、1.58%。灌区开发对于河流下泄流量的影响相对较小，对诺敏河干流河口区湿地影响很小。

2. 对水生生态环境的影响

（1）对水生生境的影响。

1）流量、流速等水文情势。规划工程运行后，库区水文情势发生改变，坝下流量减少，下泄过程受人工调节。灌区引水口附近形成一定的减水段。堤防修建减少了洪水脉冲作用，水流流态更加平稳。水资源节约配置有利于增加河流下泄水量。

2）生态流量保证情况。诺敏河主要控制断面多年平均径流下泄过程与天然过程相似，各月下泄流量满足最小生态流量要求。

3）水质。规划工程不会引起河段水质的明显变化，灌区规划对诺敏河流域水环境产生一定不利影响。

（2）对水生生物的影响。

1）对浮游动植物、底栖动物的影响。规划水利工程实施后，库区浮游动植物、底栖动物种类、数量均将发生变化，浮游动植物种群结构由流水型向静水型转变。水库坝下水温、流量产生变化；近坝区域浮游动植物、底栖动物种类和数量均会减少，影响随离坝距离增加而降低。

2）对水生维管束植物的影响。水库坝下水生管束植物数量减少，影响范围仅在坝下有限的河段范围内。

3）对鱼类的影响。受拦河工程的阻隔影响，诺敏河干、支流水生生境被分割，鱼类的洄游和种群交流受到阻碍。规划毕拉河口、晓奇子水利枢纽工程建设将阻隔冷水性鱼类洄游通道，影响河道纵向连通性，对河流水生态保护构成不利影响。

规划水库工程建设后，库区鱼类多样性下降，喜流水性鱼类生境缺失，被迫迁移到库区上游的河流中生存。水库坝下河段水位、流速、流量等水文情势变化，鱼类栖息、庇护场缺失，对鱼类的繁殖、摄食和生长产生不利影响。

3.4.4 对环境敏感区的影响

1. 对地质公园的影响

规划对内蒙古鄂伦春自治区级地质公园基本没有影响。

2. 对文物古迹的影响

金界壕遗址为第五批全国重点文物保护单位，临近规划了兴安灌区和兴安堤防。规划灌区不新垦土地，为现有耕地统一配置排灌设施，统一灌溉，并对灌区内现有跑冒滴漏等现象进行治理，对金界壕遗址基本不产生新增影响。规划兴安堤防位于遗址北侧、诺敏河右岸，下一阶段应合理设计堤防工程选址及施工占地，规划堤防对遗址基本不产生影响。

3. 对鱼类“三场”及洄游通道的影响

规划对诺敏河流域鱼类“三场”及洄游通道的影响主要体现在规划库区淹没、坝体阻隔鱼类洄游通道及坝下水文情势变化对下游鱼类“三场”的影响等方面。规划工程对诺敏河干流、格尼河上游珍稀冷水鱼产卵场基本不产生直接影响，但规划水利枢纽库区将对原有鱼类产卵场、索饵场造成淹没，并将形成新的越冬场；规划毕拉河口水利枢纽、晓奇子水利枢纽建设将对冷水鱼洄游通道形成阻隔，并将诺敏河与嫩江的连通生境切割为不同的水生生境，阻隔二者之间的鱼类资源联系，诺敏河作为嫩江冷水鱼重要生境及洄游通道的功能受到影响。根据水文情势及河道下泄流量预测结果，规划水利枢纽工程建设将导致诺敏河下游河道水文情势变化、水量减少等，对河流鱼类产卵生境（原有湿地等产黏性卵产卵生境消失）、鱼类产卵水流刺激产生影响，从而对下游鱼类产卵场构成影响。

3.5 规划方案环境合理性分析

3.5.1 规划布局的环境合理性

1. 防洪减灾规划布局环境合理性分析

新建的库如奇堤防、杜拉尔堤防（护岸）、阿兴堤防（护岸）临近冷水鱼新肯布拉尔产卵场，且库如奇堤防、杜拉尔堤防（护岸）附近还有其他鱼类重要产卵场，这些防洪减灾工程，尤其是护岸工程如果处于产卵场内，可能会破坏产卵场。格尼河堤防、护岸工程将对河口及上游哲罗鲑、细鳞鲑产卵场形成影响。因此，建议进一步优化防洪工程布局，堤防和护岸工程远离鱼类产卵场或者修建生态护岸等，减轻对产卵场的影响。

规划的兴安堤防位于全国重点文物保护单位金界壕遗址附近，建议在下一步工程的建设中避开金界壕遗址，避免对其造成影响。

2. 灌区规划布局环境合理性分析

规划灌区在现有耕地基础上发展，不占用湿地，也无新垦耕地，仅通过改造灌溉设施，配置水源，在现有灌区、耕地基础上发展农田灌溉面积，对区域的土地利用格局影响较小。

3. 水利枢纽规划布局环境合理性分析

（1）毕拉河口水利枢纽布局合理性分析。毕拉河口水库是诺敏河流域控制性的骨干工程，也是《松花江流域防洪规划》《松花江流域综合规划（2012—2030年）》中规划的松花江流域大型水库工程之一。毕拉河口水利枢纽的主要任务有防洪、灌溉、工业供水、发电、生态等。鉴于毕拉河口水利枢纽建设的必要性，为减少对环境造成的不利影响，应根据相关政策和要求，进一步优化其规模、选址。

（2）哓奇子水利枢纽布局合理性。哓奇子水利枢纽工程位于格尼河珍稀冷水性鱼类“三场”的下游，会缩小冷水性鱼类的生境，因此，必须采取生态泄流、水库生态调度、过鱼设施、鱼类增殖放流、鱼类栖息地保护等有效的减缓措施，将对环境的影响降到最低。

4. 水资源及水生态保护规划环境合理性分析

规划有针对性地提出了水资源及水生态保护规划布局，妥善处理了生态环境保护与开发利用、经济社会可持续发展间的关系，对保护流域生态环境具有重要意义，水资源及水生态保护规划布局总体合理。

3.5.2 规划规模的环境合理性

1. 防洪减灾规划规模环境合理性分析

规划堤防21段，总长度为174.31km，其中托扎敏镇堤防工程、库如奇堤防工程、杜拉尔堤防工程、阿兴堤防工程、山里屯堤防工程、兴安灌区防洪工程、得力其尔灌区防洪工程、莫旗宝山诺敏河右岸堤防等8段堤防，占堤防总长度的22%，这些堤防工程的建设将直接阻断河道与其两侧因洪水泛滥而形成的湿地之间的水力联系，造成湿地萎缩。堤防、护岸等工程的建设，使得防洪标准提高的同时，局部阻隔了河流与地下水间的水力联系，造成诺敏河沿岸局部湿地退化。建议在下一步的堤防设计阶段，将湿地等敏感目标考虑进来，适当设置涵洞等保持河流与湿地的水力联系。

2. 水资源配置方案合理性分析

水资源配置方案合理性从水资源开发利用率、工农业生产及社会经济发展、生态环境等三个角度进行评价。

(1) 水资源开发利用率。诺敏河流域现状水资源开发利用率为16.3%，其中地表水开发利用率为14.8%，平原区浅层地下水开发利用率为51.3%。规划实施后，由于各业供水量增加，诺敏河流域2030年水资源开发利用率为16.6%，开发利用程度较低。诺敏河流域地下水可开采量为1.88亿m^3，2030年地下水资源配置量为0.67亿m^3，地下水资源配置量小于地下水可开采量，达到了浅层地下水不超采、深层地下水不开采的目标。

(2) 工农业生产及社会经济发展。2030年河道外配置水量为10.52亿m^3，其中城镇生活用水为0.04亿m^3、农村生活用水为0.08亿m^3、城镇生产用水为0.35亿m^3、农村生产用水10.04亿m^3、城镇生态用水0.009亿m^3。

预测到2030年，诺敏河流域城镇人口达到8.26万人，向城镇供水可满足流域内城镇化发展的需要。农村生活用水0.08亿m^3，对于提高农村饮水安全起到积极的作用。

规划2030年流域有效灌溉面积为222.09万亩，诺敏河流域水土资源丰富，是我国的主要粮食生产区，农村生产用水的配置可为商品粮基地的建设提供坚实支撑。

(3) 生态环境。规划水平年下泄流量在不同来水条件下均比天然流量有所减少，灌溉期减少幅度相对较大，但是各月下泄流量仍能满足最小生态流量要求。2030年嫩江诺敏河口以下径流量减少2.5%，对嫩江干流年径流量和流量的影响很小。

规划实施后下游水文情势变化将对下游水生生物造成影响。为了最大程度减少规划工程对诺敏河下游水生生境及水生生物的影响，尤其是对鱼类的影响，诺敏河流域规划工程应保证河流水生生物的生态需求。

根据水质预测结果，规划实施后，毕拉河口、格尼河口、西瓦尔图河口、查哈阳乡等主要控制断面水质基本达到Ⅲ类水体标准，受城镇生产生活排污及灌区退水影响，格尼河口与查哈阳乡断面个别月份水质超标，但超标情况较轻。随着流域水资源和水生态保护规划以及相关水环境治理举措的进一步实施，流域水环境质量可以得到保证。

综上，诺敏河流域规划水资源配置后在保证水资源开发利用程度在合理范围基础上，在生态环境可接受的情景下，流域的工农业生产及社会经济发展得以提高，可实现诺敏河流域资源环境和社会经济的可持续发展，因此，水资源配置方案合理。

3. 用水定额合理性分析

2030年一般万元工业增加值用水量为22m^3，低于全国平均值（38m^3）。工业供水管网漏失率为9%，符合《城市供水管网漏损控制及评定标准》（CJJ 92—2002）中规定的“城市供水企业管网基本漏损率不应大于12%”的要求。

流域2030年农田灌溉水有效利用系数为0.61，符合《松花江和辽河流域水资源综合规划》对内蒙古自治区和黑龙江省灌溉效率的要求。

农业、工业和生活用水定额均依据《松花江流域综合规划（2012—2030年）》《松花江和辽河流域水资源综合规划》《全国新增1000亿斤粮食生产能力规划（2009—2020年）》等，满足上述规划对诺敏河流域的要求。

因此，从环境角度分析，用水定额合理可行。

4. 灌区发展合理性分析

诺敏河流域增加的灌区大部分位于诺敏河干流及格尼河下游区域，灌区发展尽管增加了地表水用水量，但增加不大，不会对鱼类重要生境产生明显不利的环境影响。受灌区退水影响，部分河段部分月份存在超标情况，但超标倍数较低，随着流域生态农业、绿色农业的发展，以及测土配方施肥、精准施肥等措施的实施，农药化肥流失量较现状将进一步减少，可有效控制灌区退水污染。因此，从水生态、水环境保护角度看，灌区发展基本合理。

3.5.3 规划实施时序的环境合理性

规划工程按照优先考虑可明显改善人民生活环境，提高人民生活水平，既对流域内环境敏感区影响较小，又能促进区域经济社会可持续发展的原则选取。结合诺敏河流域经济和社会发展、环境保护的要求，重点建设水土保持工程、防洪工程、水利枢纽及发展高效节水灌区工程等。

规划建设毕拉河口、晓奇子两座水利枢纽工程。初步拟定毕拉河口水利枢纽的任务为防洪、灌溉、工业供水、发电、生态，晓奇子水库的任务是以灌溉、防洪为主，兼顾发电等综合利用，两个水利枢纽的建设对于诺敏河流域经济社会发展具有积极的意义，但是水利枢纽的建设均会阻隔鱼类洄游，必须采取有效的过鱼措施，缓解种群间遗传交流受阻的不利影响，以保护鱼类种群的遗传多样性，一定程度上恢复和改善大坝上下游鱼类种群交流。

防洪减灾工程属于保护性工程，灌区工程在现有水田、旱田基础上发展，对区域的土地利用格局影响较小。

因此，从环境角度分析，规划时序具有合理性。

3.6 环境保护对策措施

3.6.1 水资源保护对策措施

1. 水资源开发利用率控制措施

加强灌区的节水措施，对现有灌区进行续建配套和节水改造，提高灌溉水有效利用系数，加强用水定额管理；同时加强节水管理，提高水的有效利用率，2030年流域的水田净定额降低到458m^3/亩，农田灌溉水有效利用系数将达到0.61；一般万元工业增加值用水量为22m^3，工业供水管网漏失率为9%。此外，规划通过建设蓄引提工程对水资源进行配置，来保障流域城镇和农村饮水、生产用水。2030年诺敏河流域河道外配置水量为10.52亿m^3，比现状增加了2.39亿m^3，其中地表水为

8.12 亿 m^3。诺敏河流域地表水资源可利用量为 28.39 亿 m^3，规划水平年预测的地表水用水量满足地表水资源可利用量的要求。

2. 下泄生态流量保障措施

加强流域内水资源的统一管理与调度，制定流域年度水资源调度和应急调度方案，对生态流量的满足程度进行不同等级的预警，当预测河流流量可能低于生态流量时，取水管理进入应急状态，采用限制取水量等措施，保障流域生态需水。诺敏河流域生态流量控制断面为格尼、小二沟和古城子断面，流域各水库应进行生态调度，满足生态流量下放要求。

3.6.2 水环境保护对策措施

1. 开展流域水资源保护联防联治工作

全面推进落实河长制湖长制，加强流域综合管理，健全长效机制。以水资源保护和水污染防控的长效机制建设为抓手，建立流域管理与区域管理结合，水利与环保协作的管理体制，推进流域跨部门联合治污。

2. 强化水功能区监督管理

严格执行《最严格水资源管理制度》，结合《水污染防治行动计划》《“十三五”节能减排综合工作方案》要求，强化水功能区监督管理工作。对新设置的城镇生产生活排污口进行严格审批和管理，排污口的污染物入河量应满足水功能区限制排放量要求。

3. 加快城镇污水处理厂建设，保障流域水质安全

以提升城镇污水处理能力为核心，加快污水处理设施建设。重点加强诺敏镇、得力其尔鄂温克民族乡、宝山镇、查哈阳乡等主要城镇污水处理厂建设，新建污水处理厂应符合国家相关标准。2030 年前，实现流域城镇生产生活废污水收集率和处理率达到 100%。

4. 加强农业农村非点源污染治理

建议采取有利于水环境保护的农业耕作方式，大力推广测土配方和精准施肥技术。开展畜禽养殖禁养区划定工作，依法关闭或搬迁禁养区内的畜禽养殖场和养殖专业户，严禁沿河放牧。对于畜禽养殖场和散养密集区要配套建设粪便污水贮存、处理、利用设施，实现粪便污水资源化利用，有效控制畜禽养殖污染。推动农村环境综合整治，实施农村清

洁工程，建设农村垃圾转运站，实现农村垃圾统一收集、统一处理。

5. 严格控制流域污染物排放量，强化流域水环境综合整治

强化流域污废水处理的工程和管理措施，明确水环境质量达标保障任务。严格控制入河污染物排放总量，确保实现国家和地方水污染防治行动计划、重点流域水污染防治规划等确定的各河段、各断面水环境质量改善目标。

3.6.3 生态环境保护对策措施

1. 陆生生态保护措施

尽可能减少对农田和植被的淹没及占用；加强对原生植被的保护与修复；对珍稀保护野生植物应采取异地抚育补偿的措施加以保护，在周边地区选择适宜生境重新栽种。实施水土保持规划，改善区域生态环境，并向良性方向发展，按照有关法规，在工程可行性研究及初步设计阶段，做好水土保持方案编制及水土保持勘测设计工作，使规划工程施工导致的水土流失得到有效控制，生态得以快速恢复。

认真贯彻野生动物保护法规。规划工程实施应尽量避开5—7月野生动物主要繁殖期，避免施工噪声对野生动物繁殖产生干扰；规范施工活动，加强施工人员管理。

保护诺敏河湿地资源及其生态功能，重点保护诺敏河干支流河源区湿地。规范人类生产活动。优化诺敏河流域水资源配置及水库下泄流量，保证主要支流控制断面流量及下泄过程，保护湿地生态用水安全。

2. 水生生态保护措施

（1）水生生物保护和修复措施。

1）鱼类增殖措施。根据诺敏河流域自然环境以及鱼类水域的分布情况，毕拉河口、晓奇子水利枢纽上下游分别投放鱼苗。两工程增殖放流优先考虑鱼类4种，为哲罗鲑、细鳞鲑、唇䱻、黑龙江茴鱼。具体规划工程设计实施期间，建设单位可委托相关有资质单位进行增殖放流站建设规划。

2）过鱼设施。规划毕拉河口水利枢纽、晓奇子水利枢纽采取有效的过鱼措施，缓解种群间遗传交流受阻的不利影响，以保护鱼类种群的遗传多样性。

（2）流域层面水生态保护对策措施。将诺敏河干流及上游支流、毕拉河及其支流作为重要栖息地纳入优先保护水域。对该河段内分布的产卵场设立标志区界，加强渔政管理，并禁止在该区域进行任何捕捞、采砂等对产卵场生境有影响的涉水活动。

（3）生态需水保障措施。规划建设的水利枢纽在可行性研究阶段应该明确下泄的生态流量，并建设配套的生态放流措施。诺敏河流域规划水利枢纽需采取联合调度，严格按照小二沟、古城子和格尼断面生态流量要求下泄，在鱼类产卵等敏感期适度加大放流，以满足河流水生生物生态需要。生态流量必须有准确的计量监测设备，并且保证设备始终正常启动工作。

（4）蓄水工程下泄低温水减缓措施。在下阶段应进一步论证蓄水工程下泄低温水对下游水生生物、灌区的影响，采取分层取水等措施减少低温水下泄造成的影响。

（5）优化工程设计。工程选址避开湿地集中分布区、鱼类“三场”等敏感区。

（6）实施水生态系统保护工程。加强鱼类洄游通道的动态监测和鱼类资源变化监测，针对规划实施可能对鱼类产生的影响，采取相应的减缓措施。

3.6.4 环境敏感区保护对策措施

自然保护区、地质公园等的保护，要严格执行《中华人民共和国自然保护区条例》《地质遗迹保护管理规定》等有关法律法规和有关政策性文件规定。

3.6.5 跟踪评价方案

根据规划拟建工程情况和相应的调查监测结果开展跟踪评价。诺敏河流域综合规划环境影响的跟踪评价主要包括以下内容：

（1）本次规划实施的环境影响，诺敏河流域环境质量变化趋势及其与环境影响报告书结论的比较分析。

（2）规划实施中环保对策和措施的落实情况及所采取的预防或者减轻不良环境影响的对策和措施的有效性分析。

(3) 根据诺敏河流域环境变化趋势、程度及原因的调查、分析，及时提出优化规划方案或目标的意见和建议，制定补救措施和阶段总结，尽可能减轻规划的环境影响。

(4) 在诺敏河干流的小二沟和古城子断面、格尼河的格尼断面安排常规监测，加强生态流量监控。

(5) 针对重要生境保护恢复措施的实施效果开展跟踪监测。

3.7 综合评价结论

诺敏河流域综合规划实施后，社会、经济和生态环境效益显著。防洪减灾规划实施，可使防洪能力显著提高，保障人民生命财产安全；水资源开发利用规划的实施，可提升城乡用水保证率，保障国家粮食安全；水资源及水生态保护规划的实施，可改善诺敏河水质，提升流域水生态环境质量；水土保持规划的实施，可促进生态建设，改善流域内生产生活条件；流域管理规划的实施，可进一步规范和加强流域涉水事务管理。

诺敏河流域综合规划的实施，会对流域内局部河段水文情势、水环境、陆生生态、水生生态等带来一定的不利环境影响，在落实水资源及水生态保护、水土保持规划及提出的各项环境保护对策措施的条件下，不利环境影响可得到有效减缓，可促进流域经济社会与生态环境协调可持续发展。

第4章

规划实施效果评价

规划的实施，将进一步健全与流域经济社会发展和生态文明建设相适应的防洪减灾体系、水资源保障体系、水资源及水生态保护体系、流域综合管理体系，能够全面提升流域水安全保障能力，社会效益、生态环境效益和经济效益显著。

4.1 防洪减灾能力显著提高

规划实施后，诺敏河流域将建成较为完善的防洪体系。堤防及河道整治工程基本完成，承担防洪任务的水库也基本建成，中小河流治理初见成效，山洪灾害防治措施进一步完善；水文基础设施条件全面改善，洪水预警预报系统、防汛指挥系统全部建成，洪水预报调度更加可靠；超标准洪水应对措施进一步完善。

届时，流域防洪保护区达到规划防洪标准，防洪能力大大提高，防御山洪灾害能力进一步增强。发生设计标准洪水时，通过工程和非工程防洪措施的联合运用，可以保障防洪保护区防洪安全，经济社会活动能够正常进行；发生超标准洪水时，有预定的方案和切实的措施，可最大限度减少人民群众生命财产损失。

4.2 水资源可持续利用能力有效提升

规划实施后，流域水资源短缺及时空分布不均的状况将有所缓解，水资源可持续利用能力显著增强。规划确定的水资源配置方案既保障了经济社会发展对水资源的需要，同时也满足了生态环境保护对水资源的要求。规划流域各地区对本地水资源的消耗量将控制在水资源可利用量的范围内，部分有条件的地区还适当留有了余地，国民经济合理用水需求得到基本满足。

规划实施后，通过蓄、引、提等水源工程建设，流域逐步形成较为完善的水资源安全供给体系。通过水资源合理配置，保障国家粮食主产区、畜牧业基地、健康和良性的生态系统、城市供水安全等用水需求。流域国民经济用水在正常年份能够达到供需平衡，中等干旱年基本实现供需平衡，特殊干旱年及突发水污染事故时做到有应对措施。

通过灌区配套和扩建、新建灌溉工程，可增加灌溉面积 114.65 万亩，农田有效灌溉面积由现状的 106.38 万亩提高到 222.04 万亩。初步估算，可为国家增产粮食约 3 亿斤，且增产的粮食绝大多数为优质粮，为稳定粮食生产、保障国家粮食安全起到了重要作用。

4.3 水资源利用效率和效益显著提高

流域内蒙古自治区万元工业增加值用水量由基准年的 $55m^3$ 降低到 $24m^3$，工业供水管网漏失率由基准年的 15%降为 9%；水田灌溉净定额由基准年的 $530m^3$/亩降为 $464m^3$/亩，水浇地净定额从基准年的 $160m^3$/亩降低到 2030 年的 $140m^3$/亩，农田灌溉水有效利用系数由基准年的 0.53 提高到 0.61。流域内黑龙江省万元工业增加值用水量由基准年的 $55m^3$ 降低到 $22m^3$，工业供水管网漏失率由基准年的 16%降为 8%；水田灌溉净定额由基准年的 $526m^3$/亩降为 $454m^3$/亩，水浇地净定额 2030 年为 $130m^3$/亩，农田灌溉水有效利用系数由基准年的 0.52 提高到 0.61。

规划实施后，流域单方水产出国内生产总值由现状年的 9 元提高到 36 元。规划的实施，促进了节水型社会建设，显著提高了水资源利用效率和效益。

4.4 水生态与水环境状况得到显著改善

根据流域资源环境承载能力、生态环境保护要求、水资源开发利用现状及潜力、经济社会发展需求等，规划确定了主要河道内最小生态流量指标并按其进行水资源配置，保证河流生态健康所需的下泄水量，从而改善了生态环境状况，保证了河流系统的自然和生态功能。

规划实施后，河道内最小生态流量得到保障，珍稀濒危鱼类的生境、三场以及洄游通道得以保全。规划还通过水资源合理配置措施，增加和改善河道内生态环境用水状况及用水过程，水生态环境将得到改善。

规划全面实施最严格的水资源管理制度，落实水功能区限制纳污能力控制红线，可有效地控制废污水及污染物的入河总量，进一步提高水资源质量，逐步实现水功能区水质目标，为流域经济社会发展以及国家粮食安全提供水资源保证条件。

规划实施后，流域植被覆盖率提高到74.8%，年均减少土壤流失量186万t，耕地和黑土资源得到有效保护，流域水源涵蓄能力明显提高。

4.5 综合管理能力显著提高

规划实施后，流域涉水事务管理将得到全面规范和加强。流域管理与行政区域管理的关系将进一步理顺，事权划分更加清晰合理，流域管理与行政区域管理相结合的水资源管理体制得到有效落实。洪水风险管理制度、洪水影响评价制度将进一步建立健全，工程和非工程体系进一步完善，防汛抗旱能力得到切实提高。通过实行最严格水资源管理制度，加强用水监管，全面推进节水型社会建设，使经济社会发展与水资源承载力和水环境承载力更趋协调。水功能区管理全面加强，流域联合防污工作机制更加完善，河流水质逐步改善。水土流失预防和监督管理力度加大，人为水土流失得到严格控制。河湖管理更加规范和严格。水利信息化进程快速推进，基本实现水利现代化建设目标。

水量分配方案篇

第 5 章

总　论

5.1 水量分配方案编制工作情况

为落实《中华人民共和国水法》等法律法规和最严格的水资源管理制度，水利部全面推进用水总量控制指标方案和主要江河流域水量分配方案编制工作。2010 年 12 月，水利部批复了《全国主要江河流域水量分配方案制订（2010 年）任务书》，2010 年启动了包括松辽流域嫩江、第二松花江、东辽河、拉林河在内的第一批共计 25 条河流的水量分配工作，2013 年启动了第二批共计 28 条河流的水量分配工作，其中松辽流域包括松花江干流、诺敏河、绰尔河、雅鲁河、洮儿河、牡丹江、辽河干流、西辽河、柳河 9 条河流。

诺敏河是嫩江中游江段右岸汇入的一级支流，上中游流经内蒙古自治区，下游进入黑龙江省，在黑龙江省查哈阳灌区渠首以上河流分为东、西诺敏河。诺敏河全长 448km，流域面积为 27983km^2，内蒙古自治区和黑龙江省分别占流域面积的 96.7%和 3.3%。诺敏河流域多年平均地表水资源量为 51.94 亿 m^3，地下水资源量为 10.43 亿 m^3，水资源总量为 53.14 亿 m^3。

诺敏河是一条跨省河流，古城子以下查哈阳引水枢纽右岸为黑龙江查哈阳灌区，左岸为内蒙古自治区莫力达瓦达斡尔族自治旗团结灌区及汉古尔河灌区。在春灌期来水偏枯情况下，左岸团结、汉古尔灌区与右岸查哈阳灌区用水矛盾突出，本次水量分配重点是确定内蒙古自治区和黑龙江省用水份额，以解决省际间用水矛盾。

为贯彻落实水利部《关于做好水量分配工作的通知》（水资源〔2011〕386号）精神，妥善解决诺敏河流域左、右岸的用水矛盾，水利部松辽水利委员会根据《全国主要江河流域水量分配方案制订（2010年）任务书》以及《水量分配方案制订技术大纲（试行稿）》的要求，征求了省（自治区）的意见，于2013年5月编制完成了《诺敏河流域水量分配方案制订工作大纲》。按照工作大纲的要求，在《松花江和辽河流域水资源综合规划》的基础上，与《诺敏河流域综合规划》相衔接，松辽委于2014年7月编制完成了《诺敏河流域水量分配方案》。

5.2 河流跨省界情况

诺敏河上中游流经内蒙古自治区呼伦贝尔市，下游进入黑龙江省齐齐哈尔市，在黑龙江省查哈阳灌区渠首以上河流分为东诺敏河及西诺敏河，东诺敏河在莫旗博荣乡以东4.5km处汇入嫩江，西诺敏河于黑龙江省甘南县东阳镇南5.16km处汇入嫩江。诺敏河古城子断面至东西诺敏河分界处和西诺敏河为内蒙古自治区和黑龙江省界河段，界河段总长约35km。

5.3 水量分配方案制定的目的、任务及技术路线

5.3.1 水量分配方案制定的必要性

1. 水量分配方案制定是推进依法行政的基本要求

《中华人民共和国水法》明确规定：国家对用水实行总量控制和定额管理相结合的制度；根据流域规划，以流域为单元制定水量分配方案。2007年，水利部颁布了《水量分配暂行办法》，对水量分配工作的原则、依据、内容、程序和监管等进行了规范。因此，水量分配方案制定是落实法律责任、推进依法行政的必然选择。

2. 水量分配方案制定是加强水资源宏观调控、实现以水资源可持续利用支撑经济社会可持续发展的客观需要

诺敏河为嫩江干流一级支流，流域跨内蒙古和黑龙江两省（自治区）。随着经济社会的快速发展、用水需求越来越大，水资源开发利用程度不断提高，给河流的生态健康、水资源可持续利用带来了重大挑战，为了使水资源能够得到比较合理的利用，缓解地区间、上下游间以及行业间的用水矛盾，制定《诺敏河流域水量分配方案》是非常必要的。

3. 水量分配方案制定是落实最严格水资源管理制度的基本要求，是化解地区间水事矛盾的重要手段

制定《诺敏河流域水量分配方案》，为实现最严格水资源管理制度、确立水资源开发利用控制红线奠定基础，是化解内蒙古自治区与黑龙江省水事矛盾的重要手段。

4. 水量分配方案制定是保障河道内生态环境用水的要求

随着诺敏河流域经济社会的不断发展，流域对水资源的需求越来越大，因此，迫切需要制定《诺敏河流域水量分配方案》，保障河道内生态环境用水，确保古城子断面的生态环境需水量的要求。

5.3.2 水量分配方案制定的目的

以《松花江和辽河流域水资源综合规划》（以下简称《水资源综合规划》）为基础，与《诺敏河流域综合规划》相衔接，编制《诺敏河流域水量分配方案》，完善取水总量控制指标体系，贯彻落实最严格的水资源管理制度，促进水资源合理配置，维系良好生态环境和节约保护水资源。

5.3.3 工作范围及水平年

水量分配范围为诺敏河流域，面积为27983km^2，行政区划包括内蒙古自治区和黑龙江省。

现状年：2013年；近期水平年：2020年；远期水平年：2030年。

5.3.4 工作任务

根据《中华人民共和国水法》的有关规定，按照水利部颁布的《水量分配暂行办法》和《全国主要江河流域水量分配方案制订（2010年）任务书》以及《关于做好水量分配工作的通知》（水资源〔2011〕368号）的有关要求，以《水资源综合规划》为基础，与《诺敏河流域综合规划》相衔接，考虑流域已有分水协议及管理实际情况，制定诺敏河流域省（自治区）际的水量分配方案。

《诺敏河流域水量分配方案》的主要成果包括：

（1）明确主要控制断面的最小生态环境需水指标。

（2）提出多年平均情况以及 $P=50\%$、$P=75\%$、$P=90\%$ 时分配给各省级行政区的地表水取用水量和地表水耗损水量成果，以及诺敏河流域主要控制断面下泄要求等。

5.3.5 总体思路

水量分配的总体思路是按照实行最严格水资源管理制度的要求，以促进水资源节约保护和合理配置为目标，以诺敏河流域为单元，以《水资源综合规划》为基础，与《诺敏河流域综合规划》相衔接，制定《诺敏河流域水量分配方案》。统筹考虑流域间调水、河道内外用水，干流和支流、上游和下游、左岸和右岸用水，现状用水变化情况和未来发展需求、水资源开发利用和生态环境保护等关系。在优先保障河道内基本用水要求的基础上，确定可用于河道外分配的地表水最大份额，按照取水量和耗损量进行双重控制，并结合主要断面控制指标进行流域管理。

5.3.6 技术路线

（1）收集整理2004—2013年水资源公报成果，对近十年来水资源开发利用状况变化趋势进行分析；对《水资源综合规划》水文系列代表性和需水预测成果进行复核；整理和分析2020年、2030年流域套省级行政区水资源配置方案成果。

（2）根据全国用水总量控制指标确定流域用水总量控制目标，结合流域水资源配置成果，对规划水平年流域套省级行政区多年平均用水总量控制指标进行分解。

(3) 分析流域河道内生态环境对水资源的需求，依据《水资源综合规划》配置成果和用水总量控制指标，与《诺敏河流域综合规划》配置成果和用水总量控制指标相衔接，以流域地表水资源可利用量为控制，在保障河道内生态环境用水要求的基础上确定诺敏河流域地表水可分配水量。

(4) 根据流域地表水可分配水量，结合水资源配置成果，与用水总量成果相衔接，综合考虑流域内区域间用水关系，按照水量分配的原则，合理确定流域分配给各省级行政区河道外利用的地表水取用水份额和地表水允许耗损量份额。

(5) 根据流域水平衡及其转化关系，按照《水资源综合规划》《诺敏河流域综合规划》确定的河道内生态环境用水要求，合理确定不同来水频率流域内主要控制断面的下泄水量。

(6) 从水资源开发利用的合理性、生态环境用水的满足程度、区域平衡性、水量份额匹配性和与已有分水协议的符合性等方面分析水量分配的合理性。

《诺敏河流域水量分配方案》制定技术路线见图 5.3-1 所示。

5.3.7 主要控制断面

由于诺敏河为四级区河流，为便于对各地区的用水情况进行监督，根据流域水资源分布特点、水文站网布设、重大水利工程、省界控制断面及水资源分区等边界条件，确定古城子和诺敏河河口 2 个主要控制断面。具体见表 5.3-1。

表 5.3-1　　诺敏河流域控制断面设置情况

河流名称	控制断面	备　注
诺敏河干流	古城子	位于内蒙古自治区与黑龙江省交界处，作为省界控制断面
	诺敏河河口	汇入嫩江的入口，便于控制下泄水量

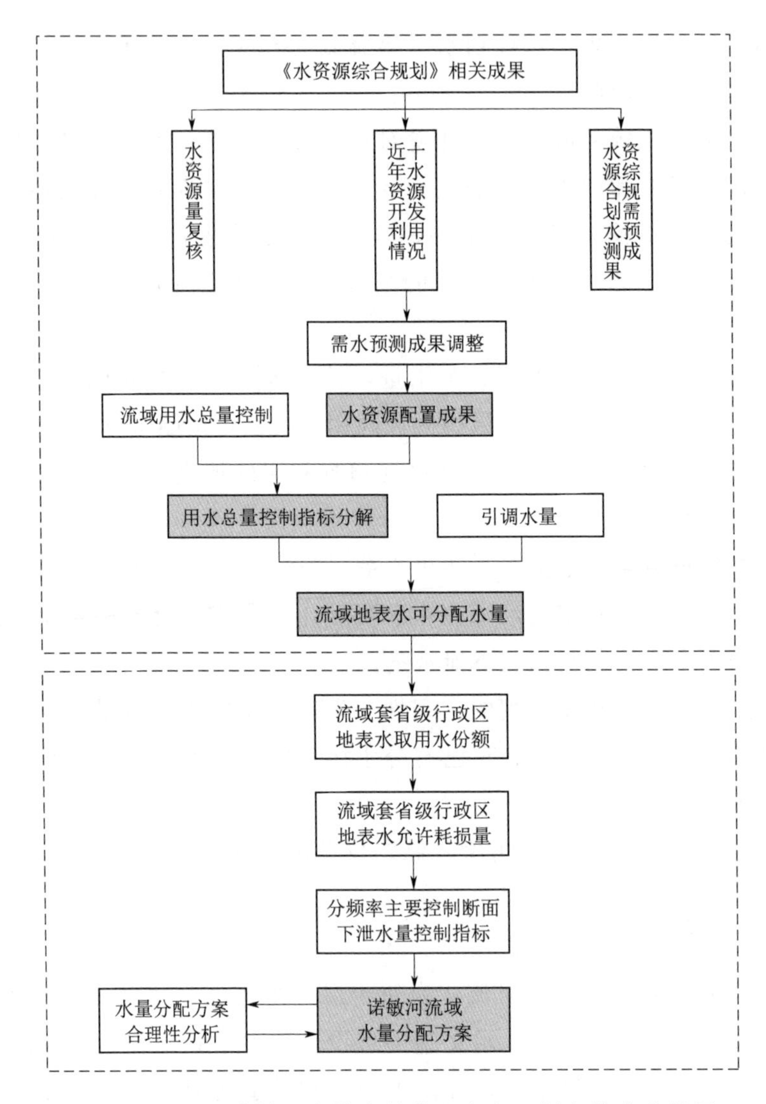

图 5.3-1 《诺敏河流域水量分配方案》制定技术路线图

5.4 指导思想、分配原则及编制依据

5.4.1 指导思想

认真贯彻新时期中央水利工作方针，坚持“节水优先、空间均衡、系统治理、两手发力”的治水思路，按照全面建设资源节约型、环境友

好型社会，以及实行最严格水资源管理制度的要求，以《水资源综合规划》为基础，与《诺敏河流域综合规划》相衔接，统筹协调人与自然的关系、区域之间的关系和兴利与除害、开发与保护、整体与局部、近期与长远的关系，提出《诺敏河流域水量分配方案》，明晰流域内两省（自治区）水量份额，保障饮水安全、供水安全和生态安全，以水资源的可持续利用支撑经济社会的可持续发展。

5.4.2 分配原则

1. 公正公平、科学合理原则

充分考虑各行政区域经济社会和生态环境状况、水资源条件和供用水现状、未来发展的供水能力和用水需求，妥善处理上下游、左右岸的用水关系，做到公平公正。合理确定流域和区域用水总量控制指标，科学制订水量分配方案。

2. 保护生态、可持续利用原则

正确处理水资源开发利用与生态环境保护的关系，合理开发利用水资源，有效保护生态环境。通过科学配置生活、生产和生态用水，留足流域河道内生态环境用水，支撑经济社会的可持续发展。

3. 优化配置、促进节约原则

按照全面建设节水型社会的要求，合理确定强化节水条件下水量分配涉及的各相关地区取用水量份额，促进用水效率和效益的提高，抑制经济社会用水的过快增长。

4. 因地制宜、统筹兼顾原则

充分考虑不同区域水资源条件和经济社会发展的差异性，因地制宜、符合实际、便于操作。统筹安排生活、生产、生态用水，综合平衡各地区对水资源和生态环境保护的要求，促进协调发展。遵循《水资源综合规划》等规划成果，严格遵守《诺敏河分水协议》，与《诺敏河流域综合规划》相衔接。

5. 民主协商、行政决策原则

建立科学论证、民主协商、行政决策的水量分配工作机制，充分进行方案比选和论证，广泛听取各方意见，民主协商，为科学行政决策提供坚实保障。

5.4.3 编制依据

5.4.3.1 法律、法规及规章

（1）《中华人民共和国水法》。

（2）《中华人民共和国环境保护法》。

（3）《取水许可和水资源费征收管理条例》（国务院令第 460 号）。

（4）《水量分配暂行办法》（水利部令第 32 号）。

（5）《取水许可管理办法》（水利部令第 34 号）。

5.4.3.2 国家、行业、地方标准及规范

（1）《江河流域规划编制规范》（SL 201—2015）。

（2）《水资源评价导则》（SL/T 238—1999）。

（3）《节水灌溉工程技术规范》（GB/T 50363—2018）。

（4）内蒙古自治区地方标准《用水定额》（DB15/T 385—2020）。

（5）黑龙江省地方标准《用水定额》（DB23/T 727—2021）。

（6）《水资源供需预测分析技术规范》（SL 429—2008）。

5.4.3.3 技术性文件

（1）《中华人民共和国国民经济和社会发展第十一个五年规划纲要》《中华人民共和国国民经济和社会发展第十二个五年规划纲要》。

（2）《松花江和辽河流域水资源综合规划》。

（3）《松花江流域综合规划（2012—2030 年）》。

（4）《诺敏河流域综合规划》。

（5）《振兴东北老工业基地水利规划报告》。

（6）《全国水资源综合规划技术细则》。

（7）《全国用水总量控制及江河流域水量分配方案制定技术大纲》。

（8）《绰尔河、诺敏河流域水量分配方案制订工作大纲》。

（9）《诺敏河分水协议》。

（10）《毕拉河口水利枢纽工程项目建议书修编报告》。

（11）《内蒙古自治区呼伦贝尔市晓奇子水利枢纽工程项目建议书》。

（12）《尼尔基水利枢纽下游内蒙古灌区水资源论证报告书》。

（13）《嫩江流域水量分配方案》。

第6章

水量分配方案

6.1 水资源及其开发利用现状

6.1.1 水资源分区

诺敏河流域分为8个水资源计算分区，跨内蒙古自治区和黑龙江省，计算面积为27983km²。诺敏河流域水资源分区见表6.1-1。

表6.1-1 诺敏河流域水资源分区表

水资源计算分区	省（自治区）	计算面积/km²
毕拉河水库坝址以上	内蒙古	16737
毕拉河口水库—古城子	内蒙古	3640
古城子以下	内蒙古	1054
	黑龙江	914
晓奇子水库以上	内蒙古	1990
晓奇子水库以下	内蒙古	2925
新发水库以上	内蒙古	698
新发水库以下	内蒙古	25
内蒙古自治区		27069
黑龙江省		914
流域合计		27983

6.1.2 水资源数量

6.1.2.1 系列代表性分析

《水资源综合规划》采用的水文系列是 1956—2000 年。古城子水文站位于诺敏河流域下游，控制诺敏河流域面积的 90.38%。以古城子站为代表站，进行流域径流系列代表性分析。绘制古城子站 1956—2000 年径流系列差积曲线，见图 6.1-1。

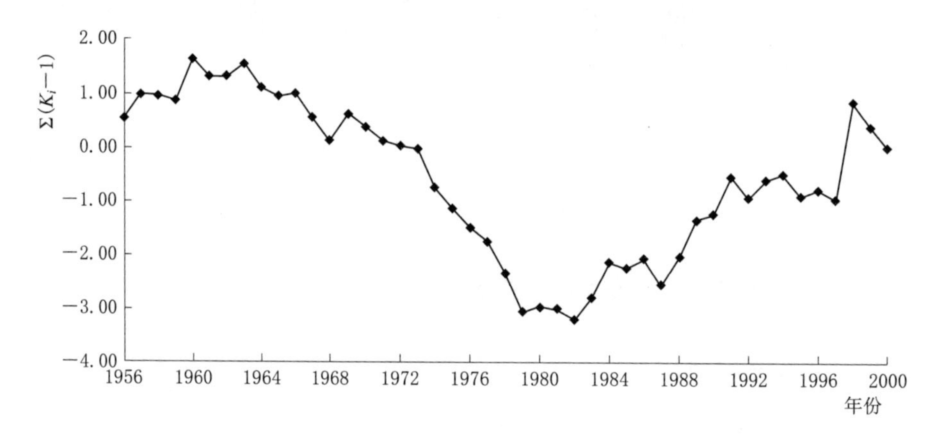

图 6.1-1 古城子站 1956—2000 年径流系列差积曲线

注：K_i 表示某年年径流量与多年年平均径流量的比值。

古城子站年径流系列差积曲线上升与下降交替出现，即丰、枯水年交替出现，丰、枯水基本平衡，呈现较完整的丰、平、枯水周期，说明该站 1956—2000 年 45 年径流系列丰、平、枯水年周期代表性好。

对诺敏河流域小二沟站降水和径流系列代表性进行分析，降水和径流 1956—2000 年系列和 1956—2010 年系列的参数相近，系列 C_v 值除小二沟相差 0.02 外，其他两站相同，均值变化不大。故本次水量分配采用 1956—2000 年水文系列。诺敏河流域 1956—2000 年 45 年系列与 1956—2010 年 55 年系列的单站水文参数分析成果见表 6.1-2。

6.1.2.2 典型频率径流量

对流域内干流的小二沟、古城子水文站及支流格尼河的格尼水文站等 3 个水文站天然年径流量 1956—2000 年（共计 45 年）系列进行设计径流计算，采用P-Ⅲ型频率曲线适线法推求各代表站不同频率的设计年径流量，计算成果见表6.1-3。

表6.1-2　　诺敏河流域单站水文参数分析成果

站名	集水面积/km²	1956—2000年系列			1956—2010年系列			延长系列后均值比较/%	延长系列后 C_v 比较
		多年平均径流量/万m³	C_v	C_s/C_v	多年平均径流量/万m³	C_v	C_s/C_v		
小二沟	16761	339689	0.45	2	317301	0.47	2	-6.6	+0.02
古城子	25292	479844	0.52	2	455481	0.52	2	-5.1	0
格尼	3936	76911	0.68	2	71931	0.68	2	-6.5	0

表6.1-3　　诺敏河流域年径流计算成果表

站名	集水面积/km²	设计年径流量/亿m³				
		20%	50%	75%	90%	95%
小二沟	16761	45.52	31.05	22.49	16.81	14.23
古城子	25292	65.64	42.94	29.99	21.83	18.23
格尼	3936	11.04	6.41	4.05	2.75	2.27

6.1.2.3　水资源数量

1. 地表水资源量

诺敏河流域多年平均地表水资源量为51.94亿m³。其中：内蒙古自治区51.36亿m³，占流域总量的98.9%；黑龙江省0.58亿m³，占流域总量的1.1%。诺敏河流域多年平均地表水资源量见表6.1-4。

表6.1-4　　诺敏河流域多年平均地表水资源量

省（自治区）	计算面积/km²	地表水资源量/亿m³
内蒙古	27069	51.36
黑龙江	914	0.58
流域合计	27983	51.94

2. 地下水资源量

诺敏河流域多年平均地下水资源量为10.43亿m³，多年平均地下水可开采量为1.88亿m³。诺敏河流域多年平均地下水资源量计算结果见表6.1-5。

表6.1-5　诺敏河流域多年平均地下水资源量　单位：亿m³

省（自治区）	山丘区地下水资源量	平原区地下水资源量	地下水可开采量		地下水资源量
			山丘区	平原区	
内蒙古	8.80	0.74	0.35	0.49	9.41
黑龙江	0.04	1.16		1.04	1.02
流域合计	8.84	1.90	0.35	1.53	10.43

3. 水资源总量

诺敏河流域多年平均水资源总量为53.14亿m³，其中地表水资源量为51.94亿m³，地表水、地下水不重复水资源量为1.20亿m³。内蒙古自治区水资源量为52.05亿m³，占流域水资源总量的97.9%；黑龙江省水资源量为1.09亿m³，占流域水资源总量的2.1%。诺敏河流域水资源总量成果见表6.1-6。

表6.1-6　诺敏河流域水资源总量成果表　单位：亿m³

省（自治区）	地表水资源量	地下水与地表水资源不重复量	水资源总量
内蒙古	51.36	0.69	52.05
黑龙江	0.58	0.51	1.09
流域合计	51.94	1.20	53.14

6.1.3 地表水资源可利用量

水资源可利用量是指以流域为单元，在保护生态环境和水资源可持续利用的前提下，在可预见的未来，通过经济合理、技术可行的措施，在当地资源量中可供开发利用的最大水量（按不重复量计）。水资源可利用量是流域水资源开发利用的最大控制上限，通常按照地表水资源可利用量和水资源可利用总量分别估算。

地表水资源可利用量是指在可预见的时期内，在统筹考虑生活、生产和生态环境用水，协调河道内与河道外用水的基础上，通过经济合理、技术可行的措施可供河道外消耗利用的最大地表水资源量（不包括回归水重复利用量）。根据《水资源综合规划》，诺敏河流域地表水资源可利用量为 28.39 亿 m^3。诺敏河流域地表水资源可利用量见表 6.1－7。

表 6.1－7　　诺敏河流域地表水资源可利用量　　单位：亿 m^3

多年平均地表水资源量	河道内生态环境用水		难以被利用的洪水		地表水资源可利用量	
	所占地表水资源量/%	水量	所占地表水资源量/%	水量	可利用率/%	可利用量
51.94	20.3	10.56	25	12.99	54.7	28.39

6.1.4 水利发展现状

6.1.4.1 水利工程现状

流域的供水工程主要有蓄水工程、引提水工程以及地下水供水工程。截至 2013 年，流域内共建有万亩以上灌区 12 处。

1. 蓄水工程

流域内有中小型水库 4 座 [小（1）型以上]，总库容为 4868 万 m^3，兴利库容为 1099 万 m^3。

新发水库位于诺敏河一级支流西瓦尔图河下游，是一座以灌溉为主，兼顾防洪、养鱼、旅游等综合利用的中型水库，新发水库现已完成除险加固，除险加固后水库总库容为 3808 万 m^3，兴利库容为 526 万 m^3，设计灌溉水田面积为 1.3 万亩，远景规划灌溉水田面积为 2.0 万亩。

永安水库位于诺敏河一级支流西瓦尔图河中上游，是一座以灌溉为主，兼顾防洪、养鱼的小（1）型水库。水库于 2007 年 10 月完成除险加固，总库容为 800 万 m^3，兴利库容为 443 万 m^3，水库下游远景规划灌溉水田面积为 1.0 万亩。

巨泉山水库位于诺敏河二级支流巨泉山沟上，是一座以灌溉为主，兼顾养鱼的综合性的小（1）型水库，总库容为 110 万 m^3，兴利库容为 60 万 m^3。

四合水库位于诺敏河二级支流萨里沟上，是一座以灌溉为主的小

(1) 型水库，总库容为 150 万 m^3，兴利库容为 70 万 m^3。

现状水库主要特征值见表 6.1-8。

表 6.1-8　　现状水库主要特征值

水库名称	所在河流	所在旗县	工程任务	集水面积/km^2	总库容/万 m^3	兴利库容/万 m^3	工程规模
新发水库	西瓦尔图河	莫力达瓦达斡尔族自治旗	灌溉为主，兼顾防洪、养鱼	698	3808	526	中型
永安水库	西瓦尔图河		灌溉为主，兼顾防洪、养鱼	203	800	443	小（1）型
巨泉山水库	格尼河巨山沟		灌溉为主，兼顾养鱼	70.3	110	60	小（1）型
四合水库	萨里沟	阿荣旗	灌溉为主，兼顾养鱼	23	150	70	小（1）型

2. 引提水工程

流域内引水工程 12 处。其中：大型引水工程 1 处，引水规模 68m^3/s，设计供水能力 5.16 亿 m^3，现状供水能力 4.85 亿 m^3；小型引水工程共 11 处，引水规模 38.58m^3/s，设计供水能力 2.81 亿 m^3，现状供水能力 2.71 亿 m^3。流域内暂无提水工程。现状地表水供水工程情况调查统计见表 6.1-9。

表 6.1-9　　现状地表水供水工程情况调查统计

省（自治区）	所属地市	工程规模	蓄水工程					引水工程			
			数量/处	总库容/万 m^3	兴利库容/万 m^3	现状供水能力/万 m^3	设计供水能力/万 m^3	数量/处	引水规模/(m^3/s)	现状供水能力/万 m^3	设计供水能力/万 m^3
内蒙古	呼伦贝尔市	大型									
		中型	1	3808	526	824	1564				
		小型	3	1060	573	548	1108	11	38.58	27140	28140
		塘坝									

续表

省（自治区）	所属地市	工程规模	蓄水工程					引水工程			
			数量/处	总库容/万 m^3	兴利库容/万 m^3	现状供水能力/万 m^3	设计供水能力/万 m^3	数量/处	引水规模/(m^3/s)	现状供水能力/万 m^3	设计供水能力/万 m^3
黑龙江	齐齐哈尔市	大型						1	68	48491	51600
		中型									
		小型									
		塘坝									
流域合计		大型						1	68	48491	51600
		中型	1	3808	526	824	1564				
		小型	3	1060	573	548	1108	11	38.58	27140	28140
		塘坝									

3. 地下水供水工程

诺敏河流域现有浅层地下水井12707眼。其中：机电井11426眼，现状供水能力0.97亿 m^3，为抗御春旱、坐水点种提供了水源。现状地下水供水基础设施调查统计详见表6.1-10。

表6.1-10　　现状地下水供水基础设施调查统计

省（自治区）	地（市、盟）	浅层地下水		
		生产井数量/眼	其中：	
			配套机电井数量/眼	现状供水能力/万 m^3
内蒙古	呼伦贝尔市	5888	5164	6679
黑龙江	齐齐哈尔市	6819	6262	2983
流域合计		12707	11426	9662

6.1.4.2 现状供水量

现状年诺敏河流域总供水量为87965万 m^3，其中地表水供水量为78303万 m^3，包括外流域调水1300万 m^3（嫩江干流区间黄蒿沟上的太平湖水库供给古城子以下区间的齐齐哈尔市），占总供水量的89%；地下水供水量为9662万m³，占总供水量的11%。现状年供水量见表6.1-11。

表6.1-11　现状年供水量表　单位：万m³

省（自治区）	地表水供水量				地下水供水量			总供水量
	蓄水	引水	太平湖水库供水	小计	浅层地下水	深层承压水	小计	
内蒙古	1372	27140	0	28512	6679		6679	35191
黑龙江	0	48491	1300	49791	2983		2983	52774
流域合计	1372	75631	1300	78303	9662		9662	87965

6.1.4.3　现状用水量

现状年诺敏河流域用水量为87965万m³。其中：生活用水、生产用水分别为853万m³、87112万m³，分别占总用水量的1.0%、99.0%。生产用水中，农村生产用水、城镇生产用水分别为85804万m³、1309万m³，农村生产用水占总用水的97.5%。现状年各业用水量见表6.1-12。

表6.1-12　现状年各业用水量表　单位：万m³

省（自治区）	生　活			生　产			合计
	城镇	农村	小计	城镇	农村	小计	
内蒙古	177	434	611	1036	33543	34580	35191
黑龙江	85	157	242	272	52260	52532	52774
流域合计	262	591	853	1309	85804	87112	87965

6.1.4.4　水资源开发利用程度

诺敏河流域现状水资源开发利用程度为16.55%。其中：地表水开发利用程度为15.08%，相对较低；从流域角度分析，平原区浅层地下水开发利用程度为54.15%，不超采。总体来看，诺敏河流域地表水资源相对丰富，开发利用还有一定潜力。现状水资源开发利用程度见表6.1-13。

表 6.1-13　　现状水资源开发利用程度表　　单位：万 m^3

本流域地表水			平原区浅层地下水			水资源总量		
供水量	水资源量	开发利用程度/%	供水量	可开采量	开发利用程度/%	本流域总供水量	水资源总量	开发利用程度/%
78303	519381	15.08	9662	17844	54.15	87965	531404	16.55

6.2 流域需水预测成果

6.2.1 流域近十年水资源开发利用趋势分析

6.2.1.1 经济社会指标

2004—2013年，诺敏河流域经济社会发展较快，国内生产总值由41.74亿元增至92.26亿元，净增50.52亿元，年均增长率达9.2%；农田实际灌溉面积由2004年的77.08万亩增至2013年的94.29万亩，年均增长率2.3%。诺敏河流域经济社会指标详见表6.2-1。

表 6.2-1　　诺敏河流域经济社会指标

省（自治区）	年份	人口/万人		GDP/万元	工业增加值/万元	农田实际灌溉面积/万亩
		总人口	其中：城镇			
内蒙古	2004	24.10	2.74	257944	10375	31.44
	2005	24.19	3.00	294746	14099	33.26
	2006	24.27	3.29	336799	19160	35.19
	2007	24.35	3.61	384852	26038	37.23
	2008	24.43	3.95	439761	35385	39.39
	2009	24.52	4.33	502503	48087	41.67
	2010	24.60	4.75	574198	65348	44.09
	2011	24.67	4.83	592733	65974	44.62
	2012	24.73	4.90	611866	66606	45.15
	2013	24.80	4.98	631618	67243	45.69

续表

省（自治区）	年 份	人口/万人		GDP/万元	工业增加值/万元	农田实际灌溉面积/万亩
		总人口	其中：城镇			
黑龙江	2004	9.17	2.33	159448	7670	45.65
	2005	9.26	2.34	173484	8336	46.13
	2006	9.34	2.36	188756	9058	46.61
	2007	9.43	2.38	205372	9844	47.10
	2008	9.51	2.40	223450	10697	47.59
	2009	9.60	2.41	243120	11625	48.09
	2010	9.69	2.43	264522	12633	48.60
	2011	9.67	2.44	273061	13041	48.60
	2012	9.65	2.46	281875	13462	48.60
	2013	9.63	2.47	290974	13896	48.60
全流域	2004	33.27	5.07	417393	18045	77.08
	2005	33.44	5.35	468231	22435	79.39
	2006	33.61	5.65	525555	28219	81.80
	2007	33.78	5.99	590224	35882	84.33
	2008	33.95	6.35	663211	46082	86.98
	2009	34.12	6.75	745624	59712	89.77
	2010	34.29	7.18	838720	77981	92.69
	2011	34.34	7.27	865794	79015	93.22
	2012	34.38	7.36	893742	80067	93.75
	2013	34.43	7.45	922592	81140	94.29

6.2.1.2 供水量

2004—2013 年，地表水供水量呈缓慢增长趋势，主要是由于流域内水田灌溉面积逐年增加，使得地表水供水量增加；地下水供水量呈缓慢增长趋势。2004—2013 年诺敏河流域供水量统计见表 6.2-2。2004—2013 年诺敏河流域供水量变化趋势见图 6.2-1。

表 6.2-2　2004—2013 年诺敏河流域供水量统计表　单位：万 m^3

省（自治区）	年 份	地表水	地下水	总供水量
内蒙古	2004	14878	6938	21816
	2005	15436	7199	22635
	2006	16025	7474	23499
	2007	16650	7765	24415
	2008	17314	8075	25389
	2009	18025	8406	26431
	2010	18790	8763	27553
	2011	24205	5670	29875
	2012	26262	6152	32414
	2013	28512	6679	35191
黑龙江	2004	45500	2783	48283
	2005	45630	2791	48421
	2006	46325	2833	49158
	2007	46859	2866	49725
	2008	46796	2862	49658
	2009	48144	2944	51088
	2010	48777	2983	51760
	2011	49135	2961	52096
	2012	49501	2933	52434
	2013	49791	2983	52774
流域合计	2004	60378	9721	70099
	2005	61066	9990	71056
	2006	62350	10307	72657
	2007	63509	10631	74140
	2008	64110	10937	75047
	2009	66169	11350	77519
	2010	67567	11746	79313
	2011	73340	8631	81971
	2012	75763	9085	84848
	2013	78303	9662	87965

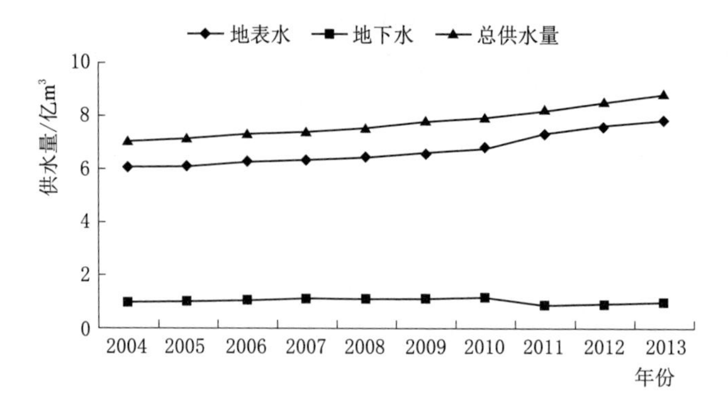

图 6.2-1 2004—2013 年诺敏河流域供水量变化趋势图

6.2.1.3 用水量

2004—2013 年诺敏河流域生活、工业用水量逐年增加。农业用水量增幅较大，主要是随着近年来粮食安全战略的实施，诺敏河流域的灌溉面积增加较多。2004—2013 年诺敏河流域用水量统计见表 6.2-3、用水量趋势见图 6.2-2。

表 6.2-3 2004—2013 年诺敏河流域用水量统计表 单位：万 m³

省（自治区）	年 份	城镇生活	农村生活	城镇生产	农村生产	总用水量
内蒙古	2004	80	401	253	21082	21816
	2005	91	406	321	21817	22635
	2006	103	412	408	22577	23500
	2007	116	417	517	23364	24414
	2008	132	423	657	24178	25390
	2009	149	429	833	25020	26431
	2010	169	435	1057	25892	27553
	2011	172	434	1050	28219	29875
	2012	174	434	1043	30763	32414
	2013	177	434	1036	33543	35190

续表

省（自治区）	年 份	城镇生活	农村生活	城镇生产	农村生产	总用水量
黑龙江	2004	74	125	182	47901	48282
	2005	75	130	193	48022	48420
	2006	77	136	205	48741	49159
	2007	78	141	217	49289	49725
	2008	80	147	230	49202	49659
	2009	82	153	243	50611	51089
	2010	83	159	258	51260	51760
	2011	84	158	263	51591	52096
	2012	84	158	267	51924	52433
	2013	85	157	272	52260	52774
流域合计	2004	154	526	435	68983	70098
	2005	166	536	514	69839	71055
	2006	180	548	613	71318	72659
	2007	194	558	734	72653	74139
	2008	212	570	887	73380	75049
	2009	231	582	1076	75631	77521
	2010	252	594	1315	77152	79313
	2011	256	592	1313	79810	81971
	2012	258	592	1310	82687	84847
	2013	262	591	1308	85803	87964

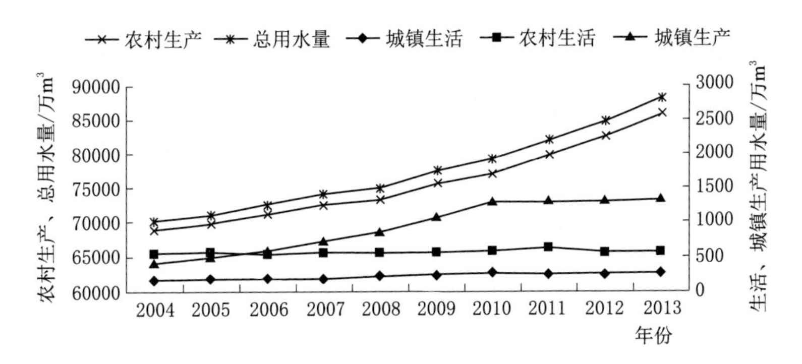

图 6.2-2　2004—2013 年诺敏河流域用水量趋势图

6.2.1.4 耗水量

2004—2013年流域总耗水量和用水量的变化趋势基本一致，内蒙古自治区、黑龙江省分别占流域总耗水量的39%、61%。2004—2013年诺敏河流域耗水量见表6.2-4、耗水量趋势见图6.2-3。

表6.2-4 2004—2013年诺敏河流域耗水量统计表 单位：万 m^3

省（自治区）	年 份	城镇生活	农村生活	城镇生产	农村生产	总耗水量
内蒙古	2004	24	120	76	17182	17402
	2005	27	122	96	17781	18026
	2006	31	124	122	18400	18677
	2007	35	125	155	19041	19356
	2008	40	127	197	19705	20069
	2009	45	129	250	20391	20815
	2010	51	130	317	21102	21600
	2011	52	130	315	22999	23496
	2012	52	130	313	25072	25567
	2013	53	130	311	27338	27832
黑龙江	2004	22	38	55	39040	39155
	2005	23	39	58	39138	39258
	2006	23	41	61	39724	39849
	2007	24	42	65	40170	40301
	2008	24	44	69	40099	40236
	2009	24	46	73	41248	41391
	2010	25	48	77	41777	41927
	2011	25	47	79	42047	42198
	2012	25	47	80	42318	42470
	2013	26	47	82	42592	42747

续表

省（自治区）	年 份	城镇生活	农村生活	城镇生产	农村生产	总耗水量
流域合计	2004	46	158	131	56222	56557
	2005	50	161	154	56919	57284
	2006	54	165	183	58124	58526
	2007	59	167	220	59211	59657
	2008	64	171	266	59804	60305
	2009	69	175	323	61639	62206
	2010	76	178	394	62879	63527
	2011	77	177	394	65046	65694
	2012	77	177	393	67390	68037
	2013	79	177	393	69930	70579

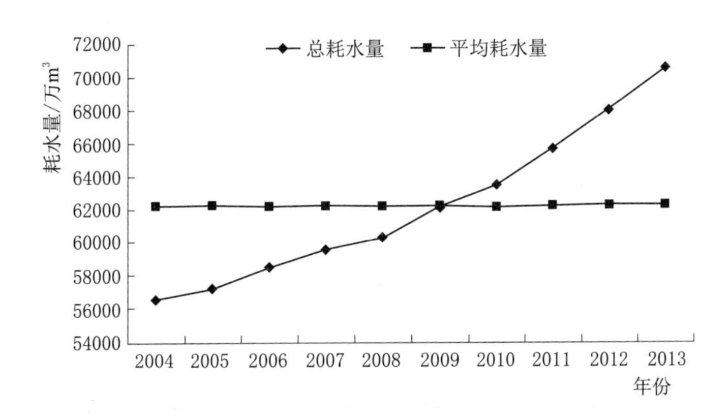

图 6.2-3　2004—2013 年诺敏河流域耗水量趋势图

6.2.1.5　用水指标

诺敏河流域用水指标统计见表 6.2-5。黑龙江省人均用水量、万元 GDP 用水量和亩均农田灌溉用水量较高，原因是流域内 GDP 主要来自于查哈阳农场，查哈阳农场耕地灌溉率高，并且主要是水田。

表 6.2-5　　诺敏河流域用水指标统计表

省（自治区）	年份	人均用水量/(m³/人)	人均生活用水量/[L/(人·日)]	万元 GDP 用水量/(m³/万元)	万元工业增加值用水量/(m³/万元)	亩均农田灌溉用水量/(m³/亩)
内蒙古	2004	905	55	846	185	665
	2005	936	56	768	171	649
	2006	968	58	698	158	633
	2007	1003	60	634	146	617
	2008	1039	62	577	135	601
	2009	1078	65	526	124	584
	2010	1120	67	480	114	567
	2011	1211	67	504	111	612
	2012	1311	67	530	107	661
	2013	1419	67	557	104	714
黑龙江	2004	5265	59	3028	191	1045
	2005	5232	61	2791	178	1037
	2006	5263	62	2604	165	1041
	2007	5275	64	2421	151	1044
	2008	5220	65	2222	136	1030
	2009	5321	67	2101	120	1047
	2010	5342	69	1957	102	1048
	2011	5387	69	1908	100	1055
	2012	5434	69	1860	97	1062
	2013	5480	69	1814	94	1069
流域合计	2004	2107	56	1679	188	890
	2005	2125	58	1518	174	874
	2006	2162	59	1382	160	865
	2007	2195	61	1256	147	855
	2008	2211	63	1132	135	836
	2009	2272	65	1040	123	832
	2010	2313	68	946	113	819
	2011	2387	68	947	109	843
	2012	2468	68	949	105	869
	2013	2555	68	953	102	897

1. 人均生活用水量

2004—2013年流域内人均生活用水量整体呈上升趋势，随着生活水平的逐步提高，生活用水定额整体呈增加趋势。人均生活用水量呈增长的趋势，具体见图6.2-4。

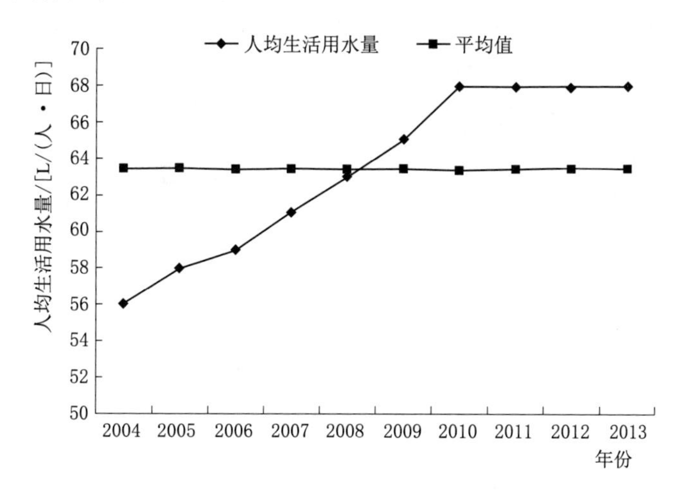

图6.2-4　2004—2013年诺敏河流域人均生活用水量变化图

2. 万元GDP用水量

2004—2013年流域内农业用水比例平均达到98%。随着节水技术的发展，以及国家相关政策的调整，万元GDP用水量呈显著减小的趋势（图6.2-5），由1679m^3降到953m^3。

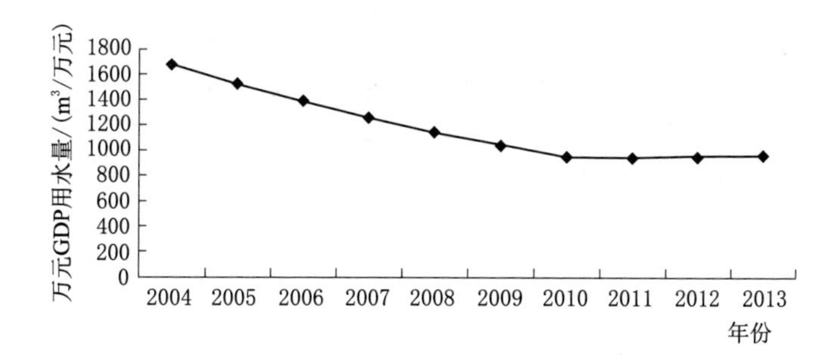

图6.2-5　2004—2013年诺敏河流域万元GDP用水量变化图

3. 万元工业增加值用水量

2004—2013年随着流域内各省区逐步完善法律法规体系，节水型社会建设试点工作稳步推进，节水型社会建设成效显著。水资源利用效率和效益明显提高，万元工业增加值用水量由188m^3降至102m^3，减少了46%。详见图6.2-6。

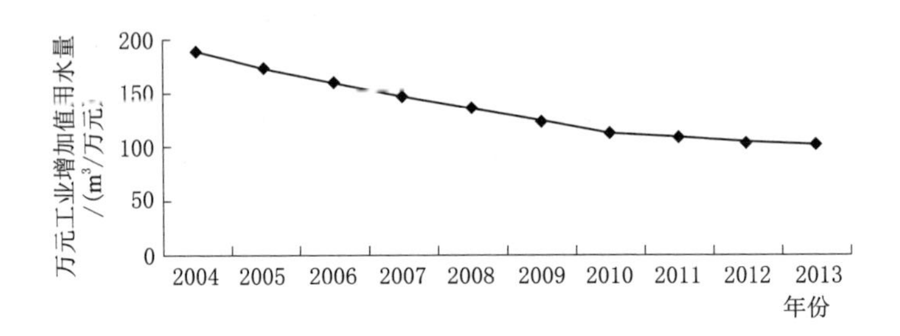

图6.2-6　2004—2013年诺敏河流域万元工业增加值用水量变化图

4. 亩均农田灌溉用水量

2004—2013年，在种植结构上，内蒙古自治区农田灌溉水旱田比例为1∶3；黑龙江省主要以水田为主，由于流域田间灌水方式的优化、渠道衬砌等措施，农田灌溉水利用系数有所提高。2004—2013年诺敏河流域各省亩均农田灌溉用水量变化见图6.2-7。

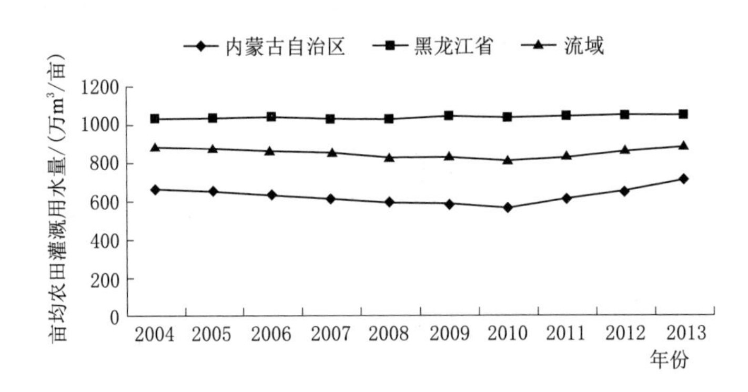

图6.2-7　2004—2013年诺敏河流域各省亩均农田灌溉用水量变化图

6.2.2 需水预测成果复核

6.2.2.1 需水预测成果

2013年诺敏河流域用水总量为8.80亿m^3，《水资源综合规划》预测2020年总需水量为9.60亿m^3，2030年总需水量为10.25亿m^3。现状年农村生活用水超2030年农村生活用水138万m^3；现状工业用水量超2030年工业用水566万m^3；现状建筑业、第三产业用水量超2030年建筑业、三产用水387万m^3。其他行业均未超规划水平。

诺敏河流域农村生活用水超2030年用水量主要由于内蒙古自治区城镇化进程推进较慢，现状城镇化率仅为21.6%；工业、建筑业及三产用水量超2030年用水量，源于区域内特色轻工业、乳制品加工业及服务业的快速发展。现状年与《水资源综合规划》各水平年河道外需水预测成果见表6.2-6。

表6.2-6 现状年与《水资源综合规划》各水平年河道外需水预测成果 单位：万m^3

省（自治区）	水平年	城镇生活	农村生活	工业	建筑业、第三产业	农业	生态	合计
内蒙古	现状年	177	434	696	340	33543	0	35190
	2020年	744	284	196	60	41716	63	43063
	2030年	857	288	223	77	52549	75	54069
黑龙江	现状年	85	157	131	142	52260	0	52775
	2020年	121	165	36	17	52579	15	52933
	2030年	140	165	38	18	48094	17	48472
流域合计	现状年	262	591	827	482	85803	0	87965
	2020年	865	449	232	77	94295	78	95996
	2030年	997	453	261	95	100643	92	102541

6.2.2.2 需水预测成果复核

《水资源综合规划》是以2000年为基准年作出的需水预测，经过近十年的发展，流域各行业的用水情况发生了很大变化，现对2004—2013

年诺敏河流域最近十年的用水趋势进行分析。

1. 居民生活用水量

2004—2013年居民生活用水呈增加趋势。流域总人口由33.28万人增加到34.43万人，城镇人口逐年增加，年均增长率4.4%，农村人口呈减少趋势，年均减少0.5%，城镇化率由15.2%提高到21.6%，居民生活用水量从680万m^3增加到853万m^3。2004—2013年居民生活用水量变化的原因是流域总人口不断增加，且城镇人口增长速度高于农村人口减少速度。随着城镇化进程的加快，人民生活水平的提高，城镇人口还将呈现增长趋势，居民生活用水量还将进一步增加。预测到2020年诺敏河流域总人口为34.31万人，其中城镇人口为7.68万人，农村人口为26.63万人，城镇化率达到22.38%。城镇生活定额达到119L/（人·日），农村生活定额达到81L/（人·日），生活需水量为1119万m^3；到2030年诺敏河流域总人口为34.22万人，其中城镇人口为8.26万人，农村人口为25.96万人，城镇化率达到24.14%。城镇生活定额达到126L/（人·日），农村生活定额达到85L/（人·日），生活需水量为1186万m^3。规划2020年、2030年流域城镇化率分别为22.38%、24.14%，远低于《水资源综合规划》预测的城镇化率56.77%、59.58%，因此预测的生活需水量较《水资源综合规划》2020年、2030年分别减少195万m^3、262万m^3。

2. 工业用水量

2004—2013年工业用水呈增加趋势。由于近年来国家实施产业结构调整，逐步淘汰落后产能，以及各级政府大力倡导节能减排政策，加强企业用水的循环利用，提高用水效率，流域经济总量在逐年递增的同时，万元工业增加值用水量呈减少趋势。2004年工业用水量为338万m^3，万元工业增加值用水量为188m^3；2013年工业用水量为648万m^3，万元工业增加值用水量为102m^3。根据近十年的用水情况及本流域未来将集中建设工业园区发展轻工业、化工、乳制品加工的实际情况，预测到2020年诺敏河流域万元工业增加值用水量降为44m^3，工业需水量为1069万m^3；到2030年诺敏河流域万元工业增加值用水量降为23m^3，工业需水量为1494万m^3。预测的工业需水量较《水资源综合规划》2020年、2030年分别增加837万m^3、1233万m^3。

3. 建筑业、第三产业用水量

2004—2013年建筑业及第三产业用水呈增长趋势，随着国家产业结构的调整，人民生活水平的提高，将进一步促进建筑业和第三产业的发展，预测到2020年建筑业万元增加值需水量降至29m³，第三产业万元增加值需水量降至17m³，建筑业及第三产业需水量达到983万m³；到2030年建筑业万元增加值需水量降至24m³，第三产业万元增加值需水量降至15m³，建筑业及第三产业需水量达到1978万m³。预测的建筑业、第三产业需水量较《水资源综合规划》2020年、2030年分别增加905万m³、1884万m³。

4. 农业用水量

2004—2013年农业用水整体上呈增加趋势，从灌溉面积上来看，2004年诺敏河流域农田实际灌溉面积为75.25万亩，2013年为94.29万亩，2004—2013年农田有效灌溉面积年均增长率为2.5%。随着《黑龙江省千亿斤粮食生产能力建设规划》《全国新增千亿斤粮食发展规划》和东北四省区"节水增粮"行动等规划的实施，到2020年、2030年诺敏河流域农田有效灌溉面积达到167.32万亩、225.33万亩。

黑龙江省查哈阳农场取水许可证［取水（国松）字〔2013〕第00008］中年取水量为50425万m³（$P=75\%$）。由于《水资源综合规划》需水预测成果未达到取水许可批复水量，因此水量分配的农业需水量应充分考虑查哈阳农场已批复取水量，2030年黑龙江省农业用水量增加5255万m³。预测到2020年流域农业需水量为92406万m³，2030年流域农业需水量为101198万m³。

5. 生态环境用水量

预测到2020年、2030年城镇生态需水量分别为78万、92万m³。由于生态环境用水量占总用水量的比重较小，总体来看，流域生态环境用水量的变化对流域用水总量变化趋势影响较少。

6. 需水总量

本次水量分配中农田灌溉需水成果考虑黑龙江省查哈阳农场取水许可证（取水（国松）字〔2013〕第00008）年取水量50425万m³（$P=75\%$），其他行业按照流域近十年经济发展趋势和用水量情况，对《水资源综合规划》预测的行业需水进行了调整。预测到2030年多年平均总需水量为10.84亿m^3，需水总量较《水资源综合规划》增加5904万m^3，增加的需水量主要来自黑龙江省，该部分增加的水量在嫩江干流齐齐哈尔市相应减少，保持嫩江流域总量控制指标不变。内蒙古自治区需水总量基本保持不变，仅在各行业间进行调整。各行业需水量均呈逐年增加的趋势，农业需水量增加最多。现状年与各规划水平年河道外需水预测成果见表6.2-7。诺敏河流域现状年与各规划水平年需水总量对比见图6.2-8。

表6.2-7　现状年与各规划水平年河道外需水预测成果　单位：万m^3

省（自治区）	水平年	城镇生活	农村生活	工业	建筑业、第三产业	农业	生态	合计
内蒙古	现状年	177	434	696	340	33543	0	35190
	2020年	223	581	912	698	42220	63	44697
	2030年	256	600	1273	1405	50343	75	53952
黑龙江	现状年	85	157	131	142	52260	0	52775
	2020年	109	206	157	284	52234	15	53005
	2030年	126	206	221	574	53349	17	54493
流域合计	现状年	262	591	827	482	85803	0	87965
	2020年	332	787	1069	982	94454	78	97702
	2030年	382	806	1494	1979	103692	92	108445

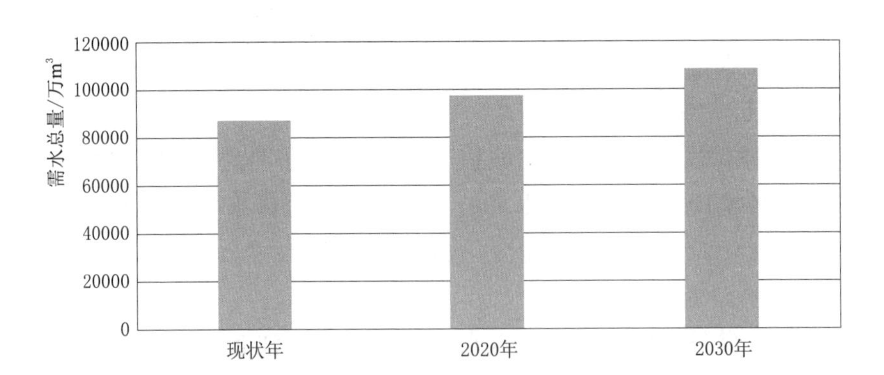

图6.2-8　诺敏河流域现状年与各规划水平年需水总量对比图

6.3 流域水资源配置

6.3.1 水资源配置的总体思路

诺敏河流域分水协议：查哈阳引水枢纽右岸为黑龙江省查哈阳灌区，左岸为内蒙古自治区莫力达瓦达斡尔族自治旗团结灌区及汉古尔河灌区。诺敏河在灌溉季节（5—6 月）天然来水量按 80%保证率的枯水年估计约为 $57m^3/s$，根据双方协议，按近期发展规划的灌溉面积比例分配水量。黑龙江省查哈阳灌区分水 $40m^3/s$（占来水量的 70%），内蒙古自治区团结、汉古尔河灌区分水 $17m^3/s$（占来水量的 30%）。若天然来水量小于 $57m^3/s$ 时，按以上比例分配。

为满足流域经济社会的需水要求，合理调配水资源，规划大、中型水利枢纽各一座，分别为毕拉河口水利枢纽与晓奇子水库。本次水量分配水资源配置方案，2020 年按无毕拉河口水利枢纽，有晓奇子水库考虑；2030 年按毕拉河口水利枢纽与晓奇子水库都建成进行配置。

地下水按照属地原则参与水资源配置，以可开采量进行控制，但不参与本次江河流域水量分配。

6.3.2 跨流域水资源配置

根据《尼尔基水利枢纽下游内蒙古灌区水资源论证报告书》，2020 年毕拉河口水利枢纽兴建前，团结、汉古尔河灌区由尼尔基水库灌溉 23.46 万亩，其中水田 14.92 万亩、水浇地 8.54 万亩，多年平均用水量为 1.44 亿 m^3。

2030 年，毕拉河口水利枢纽兴建后，团结、汉古尔河灌区由尼尔基水库灌溉 28.98 万亩，其中水田 19.10 万亩、水浇地 9.88 万亩，多年平均用水量为 1.60 亿 m^3。

流域外太平湖水库向本流域查哈阳灌区供水，年供水量为 1300 万 m^3。跨流域调入水量成果见表 6.3-1。

表 6.3-1　跨流域调入水量成果表　单位：亿 m^3

省（自治区）	水平年	调入水量合计	尼尔基水库调入水量	太平湖水库调入水量
内蒙古	2020年	1.44	1.44	
	2030年	1.60	1.60	
黑龙江	2020年	0.13		0.13
	2030年	0.13		0.13
流域合计	2020年	1.57	1.44	0.13
	2030年	1.73	1.60	0.13

6.3.3 不同行业水资源配置

2020年，诺敏河流域河道外配置水量为97199万 m^3。其中：城镇生活用水为332万 m^3、农村生活用水为787万 m^3、城镇生产用水为2052万 m^3、农村生产用水为93950万 m^3、城镇生态用水为78万 m^3。

2030年，诺敏河流域河道外配置水量为107659亿 m^3。其中：城镇生活用水为382万 m^3、农村生活用水为806万 m^3、城镇生产用水为3470万 m^3、农村生产用水为102908万 m^3、城镇生态用水为92万 m^3。诺敏河流域各水平年不同行业水资源配置成果见表6.3-2。

表 6.3-2　诺敏河流域各水平年不同行业水资源配置成果　单位：万 m^3

省（自治区）	水平年	城镇生活	农村生活	城镇生产	农村生产	城镇生态	农村生态	合计
内蒙古	2020年	223	581	1611	42250	63	0	44728
	2030年	256	600	2675	50231	75	0	53837
黑龙江	2020年	109	206	441	51700	15	0	52471
	2030年	126	206	795	52677	17	0	53821
流域合计	2020年	332	787	2052	93950	78	0	97199
	2030年	382	806	3470	102908	92	0	107659

6.3.4 不同水源水资源配置

2020年，诺敏河流域河道外配置水量为97199万m^3。地表水配置水量为91523万m^3，其中：本流域配置水量为75843万m^3，尼尔基水库调入水量为14380万m^3，太平湖水库调入水量为1300万m^3；地下水配置水量为5676万m^3。

2030年，诺敏河流域河道外配置水量为107658万m^3。地表水配置水量为100918万m^3，其中：本流域配置水量为83658万m^3，尼尔基水库调入水量为15960万m^3，太平湖水库调入水量为1300万m^3；地下水配置水量为6740万m^3。

诺敏河流域各水平年不同水源水资源配置情况详见表6.3-3。

表6.3-3 诺敏河流域各水平年不同水源水资源配置 单位：万m^3

省（自治区）	水平年	地表水				地下水	合计
		小计	本流域	外流域			
				尼尔基水库	太平湖水库		
内蒙古	2020年	42505	28125	14380	0	2223	44728
	2030年	51783	35823	15960	0	2054	53837
黑龙江	2020年	49018	47718	0	1300	3453	52471
	2030年	49135	47835	0	1300	4686	53821
流域合计	2020年	91523	75843	14380	1300	5676	97199
	2030年	100918	83658	15960	1300	6740	107658

1. 地下水资源配置

诺敏河流域地下水可开采量为18819万m^3，2020年、2030年多年平均地下水配置量分别为5676万m^3、6740万m^3，2020年、2030年地下水配置水量分别占地下水可开采量的30.2%、35.8%。

2. 地表水资源配置

诺敏河流域地表水资源量为51.94亿m^3，2013年本流域地表水供水量为8.57亿m^3，开发利用程度为16.1%，相对较低。2020年本流域地表水配置量为 7.58 亿 m³，其中内蒙古自治区为 2.81 亿 m³，黑龙江省为 4.77m³，流域地表水开发利用程度为 14.6%；2030 年本流域地表水配置量为 8.36 亿 m³，其中内蒙古自治区为 3.58 亿 m³，黑龙江省为 4.78 亿 m³，流域地表水开发利用程度为 16.1%，在水资源承载能力范围内。

6.4 诺敏河用水总量控制指标分解

根据《水资源综合规划》《嫩江流域水量分配方案》和《诺敏河流域综合规划》水资源配置方案提出诺敏河流域用水总量控制指标，该成果与《诺敏河流域综合规划》水资源配置成果一致。诺敏河流域用水总量控制指标成果见表 6.4-1。

表 6.4-1　诺敏河流域用水总量控制指标成果　单位：亿 m³

省（自治区）	水平年	地表水				地下水	合计
		小计	本流域	外流域			
				尼尔基水库	太平湖水库		
内蒙古	2020 年	4.25	2.81	1.44		0.22	4.47
	2030 年	5.18	3.58	1.60		0.21	5.38
黑龙江	2020 年	4.90	4.77		0.13	0.35	5.25
	2030 年	4.91	4.78		0.13	0.47	5.38
流域合计	2020 年	9.15	7.58	1.44	0.13	0.57	9.72
	2030 年	10.09	8.36	1.60	0.13	0.67	10.77

6.5 流域水量分配方案

《水量分配暂行办法》（水利部令第 32 号）第二条规定，水量分配是对水资源可利用总量或者可分配的水量向行政区域进行逐级分配，确定行政区域生活、生产可消耗的水量份额或者取用水水量份额。可分配的水量是指在水资源开发利用程度已经很高或者水资源丰富的流域和行政区域或者水流条件复杂的河网地区以及其他不适合以水资源可利用总量进行水量分配的流域和行政区域，按照方便管理、利于操作和水资源节约与保护、供需协调的原则，统筹考虑生活、生产和生态与环境用水，确定的用于分配的水量。

《水量分配方案制订技术大纲（试行稿）》规定，本次流域水量分配方案制定工作分配的是本流域地表水可分配水量，是指在控制流域内各省级行政区地下水合理开采的前提下，按照本流域用水总量控制目标，与《诺敏河流域综合规划》确定的水资源配置方案相衔接，以地表水资源可利用量为控制，在保障河道内生态环境用水要求的基础上，确定的可用于河道外分配的本流域地表水最大水量份额，可以用水量和耗水量的口径表述。

根据《水量分配暂行办法》和《水量分配方案制订技术大纲（试行稿）》，并结合流域实际，《诺敏河流域水量分配方案》的制订以地表水用水量为主，同时提出地表水耗损量及主要控制断面下泄水量。

流域水量分配的对象是本流域的地表水；水量分配方案制定不包括调入本流域的水量，但包括本流域调出的水量。

6.5.1 流域可分配水量

本次水量分配是以流域为单元，在控制流域内各省级行政区地下水合理开采的前提下，以《诺敏河流域综合规划》配置方案为依据，按照本次水量分配取用水总量控制指标，扣除河道内生态环境用水后，确定流域地表水可分配水量份额，即可分配水量。提出两省的地表水可分配水量和耗损量指标。

6.5.1.1 河道内生态环境需水保障情况

根据《河湖生态环境需水计算规范》（SL/Z 712—2014），采用1956—2000年45年系列古城子天然流量，按照 Q_p 法、Tennant法分别计算诺敏河的生态需水。并将成果与全国水资源综合规划、水中长期供求规划等规划以及相应河段纳污能力设计流量相协调。经计算，水量分配方案能够满足诺敏河的河道内生态需水要求，诺敏河河道内生态需水计算成果见表6.5-1。

表 6.5-1　　诺敏河河道内生态需水计算成果

控制断面	年均径流量/万 m^3	生态基流/(m^3/s)		基本生态环境需水量/万 m^3			目标生态环境需水量/万 m^3
		冰冻期（12 月至次年 3 月）	非冰冻期（4—11 月）	冰冻期（12 月至次年 3 月）	非汛期（4—5 月、10—11 月）	汛期（6—9 月）	
古城子	479844	2.65	31.28	2774	32974	49461	288015

古城子断面的生态基流冰冻期为 2.65m^3/s、非冰冻期为 31.28m^3/s；基本生态环境需水量冰冻期为 2774 万 m^3、非汛期（不包括冰冻期）为 32974 万 m^3、汛期为 49461 万 m^3；目标生态环境需水量为 288015 万 m^3。

6.5.1.2　地下水源配置情况

诺敏河流域多年平均地下水可开采量为 1.88 亿 m^3，根据水资源配置成果 2020 年、2030 年地下水配置水量分别为 0.57 亿 m^3、0.67 亿 m^3。

6.5.1.3　跨流域水资源配置

根据《尼尔基水利枢纽下游内蒙古灌区水资源论证报告书》，2020 年毕拉河口水利枢纽兴建前，团结、汉古尔河灌区由尼尔基水库灌溉 23.46 万亩，其中水田 14.92 万亩、水浇地 8.54 万亩，多年平均用水量为 1.44 亿 m^3。

2030 年毕拉河口水利枢纽兴建后，团结、汉古尔河灌区由尼尔基水库灌溉 28.98 万亩，其中水田 19.10 万亩、水浇地 9.88 万亩，多年平均用水量为 1.60 亿 m^3。

流域外太平湖水库向本流域查哈阳灌区供水，年供水量为 0.13 亿 m^3。

跨流域调入水量成果见表 6.5-2。

表 6.5-2　　跨流域调入水量成果　　单位：亿 m^3

省（自治区）	水平年	调入水量合计	尼尔基水库调入	太平湖水库调入
内蒙古	2020 年	1.44	1.44	
	2030 年	1.60	1.60	

续表

省（自治区）	水平年	调入水量合计	尼尔基水库调入	太平湖水库调入
黑龙江	2020 年	0.13		0.13
	2030 年	0.13		0.13
流域合计	2020 年	1.57	1.44	0.13
	2030 年	1.73	1.60	0.13

6.5.1.4 流域地表水可分配水量

2020 年、2030 年诺敏河流域水资源配置能够保障河道内生态环境用水要求，地下水配置水量没有超过地下水可开采量。经计算，诺敏河流域地表水多年平均分配水量为 8.36 亿 m^3，分配耗损量为 7.47 亿 m^3。诺敏河流域多年平均、50%、75%和 90%来水频率地表水可分配水量成果表见表 6.5－3，对应耗损水量见表 6.5－4。

表 6.5－3　诺敏河流域地表水可分配水量成果　单位：亿 m^3

水平年	频　率	本流域可分配水量
2020 年	多年平均	7.58
	$P=50\%$	7.37
	$P=75\%$	8.10
	$P=90\%$	7.64
2030 年	多年平均	8.36
	$P=50\%$	8.09
	$P=75\%$	9.04
	$P=90\%$	8.64

表 6.5－4　诺敏河流域地表水耗损水量　单位：亿 m^3

水平年	频　率	本流域耗损量
2020 年	多年平均	6.90
	$P=50\%$	6.71
	$P=75\%$	7.37
	$P=90\%$	6.93

续表

水平年	频 率	本流域耗损量
2030 年	多年平均	7.47
	$P=50\%$	7.24
	$P=75\%$	8.07
	$P=90\%$	7.69

6.5.2 地表水分配方案

6.5.2.1 地表水分配水量

根据诺敏河流域河道内外用水平衡分析，流域在保证河道内生态环境用水的条件下，协调上下游用水关系，调整行业用水结构，多年平均条件下，2020 年流域地表水分配水量为 7.58 亿 m^3，2030 年流域地表水分配水量为 8.36 亿 m^3。

根据《水量分配方案制订技术大纲（试行稿）》要求，水量分配方案除提出多年平均情形下的水量分配方案成果外，还应根据水资源管理工作的需要，分别提出 50%、75%和 90%不同保证率控制条件下的省区水量分配方案成果，详见表 6.5-5。

表 6.5-5　不同频率地表水分配水量成果表　单位：亿 m^3

省（自治区）	水平年	频率	本流域分配水量
内蒙古	2020 年	多年平均	2.81
		$P=50\%$	2.68
		$P=75\%$	3.05
		$P=90\%$	2.98
	2030 年	多年平均	3.58
		$P=50\%$	3.36
		$P=75\%$	3.99
		$P=90\%$	3.91

续表

省（自治区）	水平年	频率	本流域分配水量
黑龙江	2020 年	多年平均	4.77
		P=50%	4.69
		P=75%	5.05
		P=90%	4.66
	2030 年	多年平均	4.78
		P=50%	4.73
		P=75%	5.05
		P=90%	4.73
流域合计	2020 年	多年平均	7.58
		P=50%	7.37
		P=75%	8.10
		P=90%	7.64
	2030 年	多年平均	8.36
		P=50%	8.09
		P=75%	9.04
		P=90%	8.64

2020 年，内蒙古多年平均地表水分配水量 2.81 亿 m^3，黑龙江多年平均地表水分配水量 4.77 亿 m^3；2030 年，内蒙古多年平均地表水分配水量 3.58 亿 m^3，黑龙江多年平均地表水分配水量 4.78 亿 m^3。

流域不同来水情况下内蒙古自治区和黑龙江省水量份额，应由松辽水利委员会会同内蒙古自治区和黑龙江省水行政主管部门根据《松花江和辽河流域水资源综合规划》成果、河道外地表水多年平均水量分配方案，结合流域水资源特点、来水情况、区域用水需求、水源工程调蓄能力及河道内生态用水需求，按照丰增枯减的原则，在诺敏河流域水量调度方案中确定。

6.5.2.2 地表水资源耗损量

根据规划水平年分行业用水情况及耗损率，计算得到本流域地表水允许耗损量。多年平均条件下，2020年流域地表水允许耗损量为6.90亿m^3；2030年流域地表水允许耗损量为7.47亿m^3。不同频率地表水资源耗损量详见表6.5-6。

表6.5-6　不同频率地表水资源耗损量表　单位：亿m^3

省（自治区）	水平年	频率	本流域耗损量
内蒙古	2020年	多年平均	2.15
		$P=50\%$	2.04
		$P=75\%$	2.34
		$P=90\%$	2.29
	2030年	多年平均	2.71
		$P=50\%$	2.53
		$P=75\%$	3.04
		$P=90\%$	2.98
黑龙江	2020年	多年平均	4.75
		$P=50\%$	4.67
		$P=75\%$	5.03
		$P=90\%$	4.64
	2030年	多年平均	4.76
		$P=50\%$	4.71
		$P=75\%$	5.03
		$P=90\%$	4.71
流域合计	2020年	多年平均	6.90
		$P=50\%$	6.71
		$P=75\%$	7.37
		$P=90\%$	6.93
	2030年	多年平均	7.47
		$P=50\%$	7.24
		$P=75\%$	8.07
		$P=90\%$	7.69

2020 年内蒙古多年平均地表水允许耗损量为 2.15 亿 m^3，黑龙江多年平均地表水允许耗损量为 4.75 亿 m^3；2030 年内蒙古多年平均地表水允许耗损量为 2.71 亿 m^3，黑龙江多年平均地表水允许耗损量为 4.76 亿 m^3。

6.5.3 下泄水量控制方案

根据诺敏河流域河流水系范围及行政区分布特点、水文站网布设、控制性工程分布及流域水资源管理和调度的要求，从流域上游至出口依次选择古城子和流域出口共 2 处下泄水量控制断面。古城子断面作为控制断面能够监测省界断面水量，并按照分水协议进行分水，防止水事纠纷；流域出口断面作为控制断面能够监测汇入嫩江的水量，间接保证嫩江干流诺敏河口以下及松花江干流用水要求。

不同水平年不同来水条件下古城子及流域出口 2 个控制断面下泄水量见表 6.5-7。

表 6.5-7　诺敏河流域控制断面下泄水量控制指标　单位：亿 m^3

控制断面	水平年	频率	资源量	耗损量	其他损失	地下水回归	水库蓄变量	下泄量
古城子	2020 年	多年平均	49.36	1.77	1.42	0.00	0.00	46.17
		$P=50\%$	44.91	1.67	1.29	0.00	0.00	41.95
		$P=75\%$	30.58	1.95	0.88	0.00	0.00	27.75
		$P=90\%$	24.74	1.92	0.72	0.00	0.00	22.10
	2030 年	多年平均	49.36	2.63	1.84	0.00	0.00	44.89
		$P=50\%$	44.91	2.45	1.73	0.00	0.32	40.41
		$P=75\%$	30.58	2.95	1.34	0.00	−0.08	26.37
		$P=90\%$	24.74	2.90	1.10	0.00	−2.65	23.39
流域出口	2020 年	多年平均	51.94	6.90	1.42	0.17	0.00	43.79
		$P=50\%$	47.48	6.71	1.29	0.16	0.00	39.63
		$P=75\%$	31.93	7.36	0.88	0.18	0.00	23.87
		$P=90\%$	26.22	6.93	0.72	0.15	0.00	18.72

续表

控制断面	水平年	频率	资源量	耗损量	其他损失	地下水回归	水库蓄变量	下泄量
流域出口	2030 年	多年平均	51.94	7.48	1.84	0.21	0.00	42.83
		$P=50\%$	47.48	7.24	1.73	0.20	0.32	38.39
		$P=75\%$	31.93	8.07	1.34	0.25	−0.08	22.85
		$P=90\%$	26.22	7.69	1.10	0.19	−2.65	20.27

注： 耗损量指本流域地表水耗损量；其他损失指水库蒸发渗漏损失及流域汇流损失之和；水库蓄变量负值表示水库供水，正值表示水库蓄水。

多年平均条件下，2020 年古城子断面控制下泄水量为 46.17 亿 m^3，流域出口断面控制下泄水量为 43.79 亿 m^3；2030 年古城子断面控制下泄水量为 44.89 亿 m^3，流域出口断面控制下泄水量为 42.83 亿 m^3。

6.6 水资源调度与管理

6.6.1 水库兴利调度

1. 毕拉河口水利枢纽

毕拉河口水利枢纽的任务以防洪、发电、供水为主，兼顾灌溉和生态用水，水库死库容为 7.83 亿 m^3，兴利库容为 9.78 亿 m^3。保证出力为 23.5MW，多年平均发电量为 4 亿 kW·h，发电保证率为 90%。

供水范围：毕拉河口至古城子呼伦贝尔市、古城子以下呼伦贝尔市和古城子以下齐齐哈尔市。根据毕拉河口水利枢纽的特性和下游灌溉补水需求，编制毕拉河口水利枢纽调度图，见图 6.6-1。拟定调度规则如下：

（1）当水库月初水位位于限制出力线以下（限制出力区）时，水库按照 0.7 倍的保证出力运行。

（2）当水库月初水位位于限制出力线和加大出力线之间（保证出力区）时，水库按照保证出力运行。

（3）当水库月初水位位于加大出力线和正常蓄水位之间（加大出力

区）时，水库按照1.2倍的保证出力运行。

（4）当水库月初水位位于保证出力区时，5月水库在发电流量基础上加大放流6.4m^3/s，以满足下游灌溉用水需求。

（5）水库下泄保证毕拉河口最小生态需水量：冰冻期2.65m^3/s，非汛期31.28m^3/s，汛期46.92m^3/s。

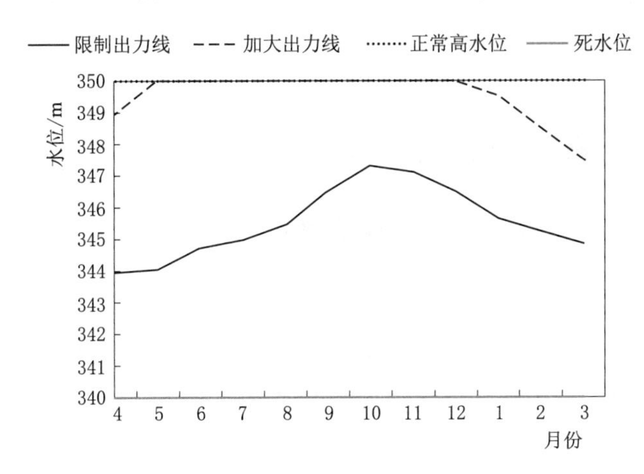

图6.6-1　毕拉河口水利枢纽调度图

按照上述水库调度原则，经调节计算能够满足毕拉河口至古城子呼伦贝尔市、古城子以下呼伦贝尔市和古城子以下齐齐哈尔市农业灌溉保证率，以及古城子断面最小生态环境流量要求。

2. 晓奇子水库

晓奇子水库的任务是以灌溉供水、防洪为主，兼顾发电，并具有拦沙减淤和养鱼等作用，为多年调节水库，总库容为0.93亿m^3，兴利库容为0.29亿m^3，防洪库容为0.06亿m^3。供水范围：晓奇子水库以下呼伦贝尔市。

水库径流调节计算原则为：当库水位高于死水位时，水库在灌溉期内按满足下游灌溉用水要求放流并发电，当水库水位消落到死水位时，水库按来水量供水并发电。经调节计算，水库放流能够满足晓奇子水库以下呼伦贝尔市的农业灌溉保证率。

6.6.2　水库调度管理

毕拉河口水利枢纽为诺敏河上的大型水利枢纽，晓奇子水库为诺敏河支流格尼河上的中型水库，均位于诺敏河流域的内蒙古自治区境内，承担着下游两省（自治区）的供水任务，水库的调度应满足农业灌溉需要和河道最小生态环境需水量的要求。建议与水量分配相关的水库调度应根据流域管理需要纳入流域统一调度；各省（自治区）人民政府水行政主管部门负责所辖范围内的重要水库年度调度计划应由松辽委批准后实施。

6.7 水量分配方案合理性分析

6.7.1 流域水资源开发利用程度分析

诺敏河流域地表水资源量为51.94亿m^3，2020年本流域地表水供水量为7.58亿m^3，开发利用程度为14.6%；2030年本流域地表水供水量为8.36亿m^3，开发利用程度为16.1%。

因此，水资源开发利用在其承载能力范围内。

6.7.2 河道内生态需水分析

诺敏河流域控制断面河道内生态需水控制指标见表6.7-1。诺敏河流域水量分配应首先满足河道内生态环境需水要求，通过1956—2000年长系列供需平衡计算能够满足控制断面生态环境需水的要求。

表6.7-1 诺敏河流域控制断面河道内生态需水控制指标

<table>
<tr><th rowspan="2">控制断面</th><th rowspan="2">年均径流量/万m^3</th><th colspan="2">生态基流/(m^3/s)</th><th colspan="3">基本生态环境需水量/万m^3</th><th rowspan="2">目标生态环境需水量/万m^3</th></tr>
<tr><th>冰冻期(12月至次年3月)</th><th>非冰冻期(4—11月)</th><th>冰冻期(12月至次年3月)</th><th>非汛期(4—5月、10—11月)</th><th>汛期(6—9月)</th></tr>
<tr><td>古城子</td><td>479844</td><td>2.65</td><td>31.28</td><td>2774</td><td>32974</td><td>49461</td><td>288015</td></tr>
</table>

6.7.3 与已有规划成果、分水协议符合情况

本次水量分配在充分考虑分水协议的基础上，制订了水资源配置方案。按分水协议的规定，黑龙江查哈阳灌区分水40m^3/s（占来水量的

70%），内蒙古团结、汉古尔河灌区分水 17m^3/s（占来水量的 30%）。若天然来水量小于 57m^3/s 时，按以上比例分配。本次水量分配成果符合《水资源综合规划》，与《诺敏河流域综合规划》成果一致，确定的各省（自治区）灌溉发展规模能够满足流域未来发展需求，基本符合分水协议的要求。

6.7.4 水量分配方案效果分析

冰冻期生态基流采用 90%最枯月流量，是保障河道基本不断流、维持水体生态情况不持续恶化所需要的最小流量。在水资源配置过程中，用水次序依次为生活用水、河道内最小生态环境用水、工业及城镇用水、农业及河道外生态用水，最大限度地保障了河道内最小生态流量的需求。水量分配方案使河道内生态需水得到保障，通过水资源合理配置措施，增加和改善河道内生态环境用水状况及用水过程，水生态环境将得到改善。

通过严格控制经济社会活动的用水总量，限制对水资源的过度开发；通过合理安排生活、生产和生态用水，增强对水资源的统筹调配能力；通过各项综合措施提高水资源的利用效率，抑制需求过度增长；通过保障生态环境用水和抑制人类对水资源的过度消耗，保护和修复生态环境。

水量分配方案的实施，将使流域用水效率有所提高，防止用水浪费现象，缓解流域用水矛盾和水生态环境恶化的趋势，满足流域内生活、生产、生态用水，提高流域内灌溉保证率，实现诺敏河流域水资源优化配置和可持续利用，促进经济社会的可持续发展。

第7章

水量分配方案保障措施

7.1 组织保障

建立松花江流域水资源调度联席会议制度，实行首席代表和副代表制度。松辽委、各省（自治区）人民政府水行政主管部门任命首席代表各一人，作为松花江流域水资源调度的首席代表，松辽委由主管水资源工作的副主任担任，省（自治区）人民政府水行政主管部门由水利厅主管水资源工作厅领导担任；松辽委、各省（自治区）人民政府水行政主管部门任命副代表各一人，由松辽委及相关省（自治区）人民政府水行政主管部门负责水资源管理工作的负责人组成，松辽委副代表由水资源处处长担任，各省（自治区）副代表由水利厅水（政水）资源（节水）处处长担任。联席会议由松辽委根据工作需要定期或不定期召集，相关省（自治区）人民政府水行政主管部门首席代表或副代表参加，旨在通报和研究解决流域水资源调度工作中的重大情况和问题，参加联席会议各方达成共识并组织实施。流域水资源调度工作办公室设在松辽委水资源处，承担水资源调度日常事务，负责与相关省（自治区）相关事宜的联系沟通。

联席会议通报和研究解决的主要内容包括：①负责水资源调度方案组织编制与实施，主要包括编制现有工程条件下近期水资源调度方案、年度水量分配方案、年度水资源调度计划、应急调度方案和年度水资源调度计划调整及评估；②负责协调省际水资源调度出现的矛盾和纠纷；③负责水资源调度相关的制度制定，包括水资源调度监督管理、取用水实时监控及信息共享等相关制度；④其他确需联席会议解决的流域水资源调度工作的重大情况和问题。

首席代表负责流域重大水问题的协商和决定，流域水资源调度工作办公室负责日常工作，各省（自治区）参与调度方案编制与制定及与本省（自治区）其他行业信息沟通，负责省内水资源调度方案落实监督及信息上报。

7.2 机制保障

1. 建立水资源调度方案制定机制

毕拉河口水库及晓奇子水库年度调度计划由水库管理部门编制后，应上报流域水资源调度工作办公室，经联席会议组织审定、审批后方可实施。

2. 建立应急调度协商机制

出现严重干旱或重大水污染事故等情况，松辽委召集应急水资源调度联席会议，协商各省（自治区）人民政府水行政主管部门编制应急调度方案并组织实施。各省（自治区）人民政府水利、电力、交通等相关部门和主要水利工程管理单位应按照联席会议纪要，积极配合流域水资源调度工作办公室执行应急调度方案。

3. 建立水资源调度信息共享机制

建立流域水资源调度管理信息共享平台，建立信息上报制度，各省（自治区）年度取水计划、大型水库年度调度计划、流域雨水情、重要工程蓄泄水情况、重要用水户取退水等实时信息应及时上传信息共享平台，实现信息共享，实行公开、透明的水资源阳光调度。

4. 建立水资源调度监督机制

水资源调度计划执行由流域水资源调度工作办公室负责组织监督和评估，各省（自治区）人民政府水行政主管部门应对省内取用水进行监督管理，严格落实年度取用水计划，流域水资源调度工作办公室应将水资源调度执行情况和评估结果向各省（自治区）水行政主管部门通报。

5. 加大水资源保护力度

加强入河排污口和水功能区监督管理，全面推行水功能区限制纳污总量控制。加大水污染防治力度，有效控制工业、城镇生活和农业农村水污染。严格饮用水水源地保护，切实保障供水安全。加强水质动态监测，提高应对突发性重大水污染事件的处置能力。

7.3 技术保障

为更好地保障《诺敏河流域水量分配方案》服务于流域水资源管理，应加快流域水量分配方案实时监控系统建设。抓紧制定诺敏河流域水资源监测、用水计量与统计等管理办法，健全相关技术标准体系。《诺敏河流域水量分配方案》设定的干流控制断面为古城子和流域出口，其中古城子断面为省界断面国控水文站，为《诺敏河流域水量分配方案》的执行奠定了良好的监测基础；诺敏河流域出口断面现状未设监测站，而且由于建站条件不理想，对该断面的水量监控可利用离流域出口最近的国控水文站古城子站，通过区间水量平衡推算流域出口下泄量。控制断面水文监测由所在地有关省、自治区人民政府水行政主管部门直属的水文部门承担。

为保证控制断面下泄水量控制指标能够实现，对干流上大型灌区和重要引水工程等取用水户的取退水应进行实时监控，并考虑与流域内各省（自治区）的取用水户取退水进行远程实时监控系统连接，建成覆盖全流域的取用水户取退水远程实时监控系统。

针对流域水量分配过程中流域水资源控制断面、重要取用水户的监控，制定实施水量分配监控方案，主要内容应包括监控体系建设、运行和维护管理办法，监控站点监控和信息上报，预警方案和调控措施，管理单位和监控对象权责等。

7.4 制度保障

水量分配方案经批准后，应制定松花江流域水资源调度管理办法，确定松辽委及各省（自治区）水行政主管部门各方在松花江流域水资源调度中的义务和职责，明确流域水资源调度联席会议章程，规范水资源调度及其管理工作；建立完善的水资源调度联席会议、首席代表、信息共享及监督管理等制度。

水量调度方案篇

第8章 总论

8.1 水量调度方案编制情况

实施江河流域水量分配和统一调度，是《中华人民共和国水法》确立的水资源管理重要制度，是落实最严格水资源管理制度，合理配置和有效保护水资源，加强水生态文明建设的关键措施。2018年7月，水利部印发《关于做好跨省江河流域水量调度管理工作的意见》（水资源〔2018〕144号，以下简称《意见》），明确了跨省江河流域水量调度管理工作的总体要求和主要任务，确定了流域管理机构和地方水行政主管部门的监管职责，要求全面落实水量分配方案，强化水量调度管理，提升水资源开发利用监管能力，加快形成目标科学、配置合理、调度优化、监管有力的流域水量调度管理体系，实现水资源的可持续利用。2021年10月，水利部印发《水利部关于印发水资源调度管理办法的通知》（水调管〔2021〕314号），明确了流域管理机构在法律、行政法规规定和水利部授权范围内负责组织、协调、实施、监督跨省江河流域、重大调水工程的水资源调度工作。水资源调度方案、年度调度计划由流域管理机构或者县级以上地方水行政主管部门按照管理权限组织编制等。

根据《中华人民共和国水法》《中共中央　国务院关于加快水利改革发展的决定》《国务院关于实行最严格水资源管理制度的意见》等有关规

定和“节水优先、空间均衡、系统治理、两手发力”的治水思路，充分发挥流域水资源综合效益，进一步健全水资源合理配置和高效利用体系，实现水资源统一调度管理，根据《诺敏河流域水量分配方案》，结合流域水资源管理特点和面临的主要问题，松辽水利委员会（以下简称松辽委）组织开展了《诺敏河水量调度方案》编制工作。

2019 年，松辽委组织编制了《诺敏河水量调度方案》，2020 年根据水利部开展的全国重要江河生态流量确定和保障工作以及《水利部关于印发第二批重点河湖生态流量保障目标的函》（水资管〔2020〕285 号）中诺敏河生态流量保障目标要求，对调度方案进行了相关内容的修改完善，以《松辽委关于征求松辽流域重要跨省江河水量调度方案意见的函》（松辽水资源函〔2020〕80 号）向各有关单位征求意见。2021 年根据《水利部关于印发水资源调度管理办法的通知》（水调管〔2021〕314 号）要求，结合《水资源调度管理办法》和各有关单位反馈意见对《诺敏河水量调度方案》作进一步修改完善，最终形成水量调度方案。

8.2 指导思想、调度目标、调度原则、编制依据、调度范围及调度期

8.2.1 指导思想

以习近平新时代中国特色社会主义思想为指导，牢固树立新发展理念，积极践行“节水优先、空间均衡、系统治理、两手发力”的治水思路，坚持创新、协调、绿色、开放、共享的新发展理念，坚持生态优先、绿色发展，以水而定、量水而行，因地制宜、分类施策的生态保护理念，全面落实最严格水资源管理制度，以水资源消耗总量和强度双控为前提，统筹流域防洪安全与供水安全，兼顾改善流域水环境需求，在确保流域防洪安全的前提下，以批复的水量分配方案为依据，以保证流域控制断面最小生态流量和航运流量为前提，以尽最大程度保障流域各业用水需求为重点，充分发挥调度工程的综合效益，改善水环境，强化水量调度管理，提升水资源开发利用监管能力，加快形成目标科学、配置合理、调度优化、监管有力的流域水量调度管理体系，保障流域供水安全，实

现水资源的可持续利用。

8.2.2 调度目标

通过实施诺敏河流域水量调度方案，落实已批复的《诺敏河流域水量分配方案》，以流域用水总量控制指标为上限，合理配置生活、生产、生态用水，使河道外各行业用水达到保证率；监管古城子断面下泄水量和最小下泄流量，为下一步开展诺敏河年度水量调度计划提供技术支撑。

8.2.3 调度原则

(1) 统筹兼顾、优化配置。实行兴利与除害相结合，兼顾上下游、左右岸和有关地区之间的利益，合理配置水资源，优先满足城乡生活用水，统筹兼顾生态环境、工业、农业等用水需求，发挥水资源的多种功能。

(2) 生态安全、持续利用。牢固树立尊重自然、顺应自然、保护自然的理念，处理好江河水资源开发与保护的关系，严格控制江河水资源的开发强度，合理开发利用水资源，保障江河基本生态用水，维护江河生态安全。

(3) 因河施策，科学调度。立足诺敏河流域实际，在服从防洪总体安排的前提下，因地制宜实施流域水量调度，根据流域来水和用水需求变化，对干流和支流格尼河引水工程等实施动态调度，加强河道外取水总量管控，充分发挥水资源的综合效益。

(4) 落实责任、强化监管。明确取用水户的主体责任，以及松辽委和省（自治区）各级水行政主管部门水量调度管理职责；依法加强水量调度监督管理和信息共享与报备，强化工作措施，严格监督考核和问责，确保水量调度目标落到实处。

8.2.4 编制依据

8.2.4.1 法律法规及规章

(1)《中华人民共和国水法》。

(2)《中华人民共和国环境保护法》。

(3)《取水许可和水资源费征收管理条例》(国务院令第 460 号)。

(4)《水量分配暂行办法》(水利部令第 32 号)。

(5)《取水许可管理办法》(水利部令第 34 号)。

8.2.4.2 技术规范及标准

(1)《水资源评价导则》(SL/T 238—1999)。

(2)《水资源供需预测分析技术规范》(SL 429—2008)。

(3) 内蒙古自治区地方标准《用水定额》(DB15/T 385—2020)。

(4) 黑龙江省地方标准《用水定额》(DB23/T 727—2021)。

(5) 其他有关技术规范及标准。

8.2.4.3 已有规划成果及相关文件

(1)《诺敏河流域水量分配方案》。

(2)《诺敏河流域综合规划》。

(3)《黑龙江省查哈阳农场取水许可延续评估报告书》。

(4)《关于做好跨省江河流域水量调度管理工作的意见》(水资源〔2018〕144 号)。

(5)《水利部关于印发省界断面水文监测管理办法(试行)的通知》(水文〔2018〕260 号)。

(6)《水利部关于印发水资源调度管理办法的通知》(水调管〔2021〕314 号)。

8.2.5 调度范围

水量调度范围与水量分配方案调度范围保持一致,即诺敏河流域,总面积为 27983km^2,其中内蒙古自治区占比为 97%,黑龙江省占比为 3%。

本次水量调度仅针对诺敏河流域地表水进行调度。

8.2.6 调度期

考虑到诺敏河流域现状无大型控制性工程,且河道外用水主要为农业灌溉用水,因此,调度期确定为灌溉期,即 5 月 1 日至 9 月 30 日,以旬为单位进行调度。

第9章

水量调度方案

9.1 工程调度原则及运用控制指标

诺敏河水量分配方案批复时，已经充分考虑流域内现有的分水协议，本次水量调度工程主要考虑现状工程，现状无大型蓄水工程，引提水工程引水量按照现状调研成果进行引水，随着未来流域内工程情况变化，水量调度方案再随之进行及时修订。

9.1.1 调度工程确定

1. 蓄水工程确定

诺敏河流域现状无大型蓄水工程，规划的大型蓄水工程近期建设完成的可能性不大。中型水库仅1座，位于支流西瓦尔图河上，总库容为3808万m^3，兴利库容为526万m^3，主要任务是为水库下游新发灌区供水，对于多年平均径流量为51.94亿m^3的诺敏河流域作用甚微，不作为本次调度工程。

综上，诺敏河流域暂无蓄水工程纳入水量调度中。

2. 引提水调度工程确定

诺敏河流域内用水主要为农业灌溉，占总用水量的95%以上，选取现状灌溉面积1万亩以上灌区取水枢纽作为引提水调度工程，共7处，

干流上4处，包括阿兴灌区取水枢纽、团结灌区取水枢纽、汉古尔

河灌区取水枢纽和查哈阳灌区取水枢纽。支流格尼河上 3 处，包括得力其尔灌区取水枢纽、六家子灌区取水枢纽和兴安灌区取水枢纽。

9.1.2 控制断面

本次水量调度断面生态流量的确定，充分考虑了诺敏河水量分配方案，并与《水利部关于印发第二批重点河湖生态流量保障目标的函》（水资管〔2020〕285 号）批复的诺敏河生态流量保障目标一致。

根据诺敏河水量分配方案，控制断面主要有古城子断面和流域出口断面，控制相应下泄水量、最小下泄流量。诺敏河下游分东西两支汇入嫩江，河口建站和监测条件不理想，因此，本次调度控制断面仅选取古城子断面。

9.1.3 工程运用控制指标

诺敏河流域水量调度工程主要为引提水工程，具体控制运用方式如下：

（1）对于已经批复取水许可的引提水工程，要严格按照批复水量进行取用水，严禁超额取水。

（2）古城子断面生态流量满足程度以古城子水文站实测流量扣除断面下游团结灌区、汉古尔河灌区和查哈阳灌区取水量后是否满足 31.28m^3/s 进行核定。正常年份，当古城子断面核定后流量小于 31.28m^3/s 时，需要对古城子断面以上引提水工程取水量进行同比例削减，削减比例根据当年来水情况和断面流量实际情况确定。特殊干旱年时，河道内生态流量和河道外取水进行同比例破坏，破坏比例根据当年来水情况和断面流量实际情况确定。

（3）诺敏河流域引提水工程中，通过拦河坝取水的工程主要有得力其尔灌区渠首枢纽、六家子灌区渠首枢纽、兴安灌区渠首枢纽、阿兴灌区渠首枢纽、团结灌区渠首枢纽、汉古尔河灌区渠首枢纽、查哈阳灌区渠首枢纽，以上工程拦河取水时不能将河流完全截断，需要按照水量分配对诺敏河河道内生态流量要求和水行政主管部门具体年度调度计划进行合理放流。

9.1.4 调度效果分析

诺敏河水量调度以控制断面最小下泄流量、下泄水量要求为前提，严控引提水工程按照批复的取水许可进行取水，通过合理调度，能够满足流域2020年各业用水要求且在水量分配方案批复的地表水分配水量范围内；河道内满足最小下泄流量和水量要求，相应控制断面满足下泄水量要求，能够实现调度目标。

1. 符合地表水分配水量要求

黑龙江省和内蒙古自治区现状年供水量均未超过诺敏河水量分配批复的2020年地表水分配水量。

2. 满足河道外各业用水保证率

通过诺敏河水量调度，能够满足流域2020年河道外各业用水保证率。河道外各业用水保证程度见表9.1-1。

表9.1-1 河道外各业用水保证程度

用水领域	用水行业	保证率要求	是否达到要求
生活	城镇生活	97%	是
	农村生活	95%	是
	建筑业和第三产业	95%	是
生产	工业	90%	是
	农业	75%	是
生态	城镇生态	90%	是
	农村生态	50%	是

3. 满足古城子断面生态需水量要求

根据诺敏河水量分配方案，古城子断面生态需水量要求详见表9.1-2。

表9.1-2 古城子断面生态需水量表

最小下泄流量/(m^3/s)		基本生态环境需水量/万m^3			目标生态环境需水量/万m^3
冰冻期	非冰冻期	冰冻期	非汛期	汛期	
2.65	31.28	2774	32974	49461	288015

注：冰冻期为12月至次年3月；非冰冻期为4—11月，其中汛期为6—9月，非汛期为4—5月、10—11月。

经过诺敏河水量调度后，古城子断面最小下泄流量、基本生态环境需水量和目标生态环境需水量均满足要求，详见表 9.1－3。

表 9.1－3　　古城子断面生态需水量满足情况表

最小下泄流量满足程度			
分期	总月数/个	满足月数/个	保证率/%
冰冻期	180	171	95
非冰冻期	360	348	97
基本生态环境需水量满足程度/万 m^3			
分期	水量要求	调度水量	是否满足
冰冻期	2774	10559	满足
非汛期	32974	114778	满足
汛期	49461	358096	满足
目标生态环境需水量/万 m^3			
目标水量		调度水量	是否满足
288015		483433	满足

4. 满足古城子断面下泄水量要求

古城子断面下泄水量能满足水量分配下泄水量要求，详见表 9.1－4。

表 9.1－4　　古城子断面下泄水量满足情况表　　单位：亿 m^3

频率	水量分配下泄水量要求	水量调度下泄水量	是否满足要求
多年平均	46.17	48.34	是
P=50%	41.95	44.05	是
P=75%	27.75	29.42	是
P=90%	22.10	25.40	是

9.2　年度水量调度

9.2.1　年度调度计划的编制与下达

根据《关于做好跨省江河流域水量调度管理工作的意见》（水资源

〔2018〕144 号）《水利部关于印发水资源调度管理办法的通知》（水调管〔2021〕314 号）文件精神和要求，诺敏河年度水量调度计划由松辽委组织编制。各省（自治区）水利厅负责向松辽委上报本省（自治区）年度用水计划建议。松辽委应根据《诺敏河流域水量分配方案》和年度预测来水量，根据水量分配与调度原则，在综合平衡年度用水计划建议的基础上，制定下达年度水量调度计划并报水利部备案。如有重大问题上报联席会议决策。

诺敏河年度水量调度计划调度期从 5 月 1 日起到 9 月 30 日止，调度步长以旬为单位，采用年度调度计划与月、旬水量调度计划和实时调度指令相结合的调度方式。

年度调度计划应明确两省（自治区）年度水量分配指标、古城子断面下泄水量和最小下泄流量控制指标。上述指标应符合诺敏河水量分配方案和水量调度方案要求。

9.2.2 年度调度计划的执行和调整

松辽委依据年度水量调度计划，制定月或旬水量计划，下达水量调度指令，同时根据河湖来水及流域用水需求变化等情况，对年度或者关键调度期分水指标和断面下泄水量实行动态调整、滚动修正。

黑龙江省和内蒙古自治区水利厅及主要调度工程管理部门依据批准的年度水量调度计划和调度指令，组织实施所辖范围内的水量调度，合理安排取水和工程的调度运行。

年度预测来水量与实际来水量情况差别较大的，确需对年度计划进行重大调整的，由松辽委提出调整意见，并重新印发并报水利部备案。

9.2.3 调度后评估与总结

黑龙江省和内蒙古自治区水利厅应按照规定向松辽委上报年度和月度取水量监测统计数据及水量调度计划落实情况，松辽委根据黑龙江省和内蒙古自治区取水量监测统计数据，结合控制断面水量调度监测结果，分析古城子断面下泄控制指标落实情况，开展诺敏河水量调度效果评估工作，形成月调度评估报告和年调度评估报告，每月向水利部报告诺敏河流域重要断面水量下泄控制指标的落实情况，并通报相关省级人民政府、河长办及有关主管部门，每调度年末，向水利部报告诺敏河流域水量调度计划执行情况。

9.3 调度管理

9.3.1 水量调度管理职责和分工

为做好诺敏河水量调度工作，成立由松辽委、黑龙江省水利厅、内蒙古自治区水利厅，呼伦贝尔市水利局、齐齐哈尔市水务局、沿江各市县（旗）水行政主管部门（县级水行政主管部门由省水利厅推荐选取影响较大的部分县作为小组成员单位），阿兴灌区管理局、团结灌区管理局、汉古尔河灌区管理局、查哈阳灌区管理局、得力其尔灌区管理局、六家子灌区管理局、兴安灌区管理局组成的诺敏河水量调度管理协调小组，在松辽流域水量调度联席会议指导下，具体负责协调决策诺敏河的水量调度工作，日常事务统一由流域水资源调度办公室承担。

诺敏河水量调度管理协调小组具体职能包括年度水量调度工作的沟通协调，组织对水量调度工作中存在的具体问题和有关事项进行协商和确定，负责将重大事项提交松辽流域水资源调度联席会议讨论决策。

松辽委职责：承担松辽流域水资源调度联席会议及协调小组相关工作；组织年度调度计划制定及执行，下达水量调度指令；向上级部门报告流域水量调度计划执行情况，并通报相关省级人民政府、河长办及有关主管部门。

各省（自治区）水利厅职责：负责向松辽委上报本省（自治区）年度用水计划建议；将本行政区域年度取水计划逐级分解下达至取水单位或个人，实施取用水总量控制管理；科学实施工程调度管理，保障水量分配控制方案控制指标；落实水量调度计划并对控制断面下泄水量开展监测，对取水户取用水开展监督管理及汇总取水户取水数据，并上报松辽委。

各市县（旗）水行政主管部门职责：向上级部门上报年度取水计划，根据年度水量调度计划，做好年度取水计划的落实；根据年度取水计划，负责对所管辖范围内的各取水户取水情况监督管理，并将年度水量调度计划落实情况上报上级部门。

9.3.2 水量监测和信息报送

9.3.2.1 控制断面

古城子水文站断面监测由黑龙江省水文水资源中心承担，监测数据由黑龙江省水利厅复核后上报松辽委。

9.3.2.2 取水工程

阿兴灌区管理局、团结灌区管理局、汉古尔河灌区管理局、查哈阳灌区管理局、得力其尔灌区管理局、六家子灌区管理局、兴安灌区管理局在取水工程取水口处，应安装符合有关法规或者技术标准要求的监测计量设施，并保证设施正常使用和监测计量结果准确、可靠，并按照有关规定按月上报取水数据。

9.3.3 水量调度监督管理

松辽委联合内蒙古自治区水利厅、黑龙江省水利厅加强诺敏河水量调度执行情况的监督检查，对于5—6月取用水高峰时段和枯水期，必要时可组成联合督查组，对重要取水工程取用水情况及古城子断面生态流量下泄情况实施重点监督检查。

第 10 章

水量调度方案保障措施

10.1 组织保障

建立松辽流域水资源调度联席会议制度，实行首席代表和副代表制度。水利部松辽水利委员会、各省（自治区）人民政府水行政主管部门任命首席代表各一人，作为松辽流域水资源调度的首席代表，松辽委由主管水资源工作的副主任担任，省（自治区）人民政府水行政主管部门由水利厅主管水资源工作的厅领导担任；松辽委、各省（自治区）人民政府水行政主管部门任命副代表各一人，由松辽委及相关省（自治区）人民政府水行政主管部门水资源管理工作负责人组成，松辽委副代表由水资源管理处处长担任，各省（自治区）副代表由水利厅水资源（管理）处处长担任。联席会议确定技术代表一名，由松辽委分管调度工作的副总工程师担任，参加联席会议。联席会议由松辽委根据工作需要定期或不定期召集，相关省（自治区）人民政府水行政主管部门首席代表或副代表参加，旨在通报和研究解决流域水资源调度工作中的重大情况和问题，参加联席会议各方达成共识并组织实施。联席会议日常事务统一由流域水资源调度办公室承担。流域水资源调度办公室负责组织开展年度调度工作，包括数据上报、整理，组织编制调度计划、组织协调小组召开会议，开展监督检查、每月评估，组织开展调度计划调整修正等具体工作。流域水资源调度办公室设在松辽委水资源管理处。

为统筹协调相关方用水权益，促进诺敏河流域经济社会发展和水事和谐，成立诺敏河流域水量调度管理协调小组，在松辽流域水资源调度联席会议指导下，具体负责协调决策诺敏河流域的水量调度工作。

10.2 机制保障

松辽委要完善诺敏河水量调度计划制定、调度决策、分工落实、监督检查、监测统计数据核定等制度，探索建立流域内各省级人民政府水行政主管部门和有关部门、有关地方人民政府以及重点取水户等管理单位参加的水量调度协商工作机制，推进科学决策、民主决策，形成监管合力。

1. 年度水量调度工作机制

各省（自治区）水利厅负责并向松辽委上报本省取水户的年度用水计划建议。松辽委汇总相关资料并组织协调编制年度调度计划，具体事务由流域水资源调度办公室负责。年度调度计划经诺敏河水量调度管理协调小组会议确认，由松辽委批复实施。

2. 水量调度工作协商机制

诺敏河水量调度管理协调小组就调度具体工作（包括调度计划的制定、执行、调整、评估等）每年定期或不定期召开协调会议，会议由流域水资源调度办公室负责召集和组织，以公平、公正、公开、实事求是、团结协作和民主集中为协商原则，协商决定年度调度计划及相关工作安排，并对水量调度工作中存在的具体问题和有关事项进行协商和确定，如有重大问题，提请召开联席会议进行讨论决策。联席会议由松辽委召集流域内相关省（自治区）水利厅根据工作需要定期或不定期召开，通报和研究解决流域水资源调度工作中的重大情况和问题，参加联席会议各方达成共识并组织实施。

3. 建立水资源调度信息共享机制

建立流域水资源调度管理信息共享平台，建立信息上报制度，各省（自治区）年度取水计划、流域雨水情、重要用水户取退水等实时信息应及时上传信息平台，实现信息共享，实行公开、透明的水资源阳光调度。

4. 建立水资源调度监督机制

水资源调度计划执行由松辽委负责组织监督和评估，省级人民政府水行政主管部门应对省（自治区）内取用水进行监督管理，严格落实年度取用水计划，松辽委负责将重要断面下泄控制指标落实情况向各省（自治区）水行政主管部门通报。

10.3 技术保障

各有关单位应依托国家水资源信息管理系统，完善水量调度决策信息平台，全面提升信息采集、传输报送、加工处理、预测预报、指挥决策的现代化水平，为水量调度决策提供技术保障。

应加快流域水量调度方案实时监控系统建设，积极推进流域水文站网建设和改造，抓紧制定诺敏河流域水资源监测、用水计量与统计等管理办法，健全相关技术标准体系。

为保证控制断面下泄水量控制指标能够实现，对纳入调度管理的灌区等取用水户的取退水应进行实时监控，并考虑与流域内各省（自治区）的取用水户取退水远程实时监控系统连接，建成覆盖全流域的取用水户取退水远程实时监控系统。针对流域水量分配过程中流域水资源控制断面、重要取用水户的监控，制定实施水量分配监控方案，主要内容应包括监控体系建设、运行和维护管理办法、监控站点监控和信息上报、预警方案和调控措施、管理单位和监控对象权责等。

10.4 制度保障

应加快推进水资源调度管理规范性文件制定出台，明确各级水行政主管部门、工程管理单位等各方在水资源调度中的职责分工，规范水资源调度及其管理工作；建立完善的水资源年度调度、协调沟通、信息共享及监督管理等制度。

生态流量保障实施方案篇

第 11 章

总　论

11.1　编制目的

《中华人民共和国水法》第四条提出“开发、利用、节约、保护水资源和防治水害，应当全面规划、统筹兼顾、标本兼治、综合利用、讲求效益，发挥水资源的多种功能，协调好生活、生产经营和生态环境用水。”第二十一条提出“开发、利用水资源，应当首先满足城乡居民生活用水，并兼顾农业、工业、生态环境用水以及航运等需要。在干旱和半干旱地区开发、利用水资源，应当充分考虑生态环境用水需要。”《水污染防治法》第二十七条也明确“国务院有关部门和县级以上地方人民政府开发、利用和调节、调度水资源时，应当统筹兼顾，维持江河的合理流量和湖泊、水库以及地下水体的合理水位，保障基本生态用水，维护水体的生态功能。”

建设生态文明是中华民族永续发展的千年大计，必须树立和践行绿水青山就是金山银山的理念，坚持节约资源和保护环境的基本国策，坚持节约优先、保护优先、自然恢复为主的方针，形成节约资源和保护环境的空间格局、产业结构、生产方式、生活方式，还自然以宁静、和谐、美丽。

2020 年 4 月水利部印发《水利部关于做好河湖生态流量确定和保障工作的指导意见》（水资管〔2020〕67 号），依据有关政策法规和技术要求，并按照水利部总体部署和工作安排，松辽水利委员会组织开展诺敏河生态流量保障实施方案编制工作，按照“定断面、定目标、定保证率、定管理措施、定预警等级、定监测手段、定监管责任”的要求，结合诺敏河流域综合规划、水量分配方案、水量调度方案，制定生态流量保障实施方案，明确河流生态流量保障要求。

11.2 编制依据

11.2.1 法律法规及规章

(1)《中华人民共和国水法》。

(2)《中华人民共和国环境保护法》。

(3)《中华人民共和国水污染防治法》。

(4)《取水许可管理办法》。

11.2.2 规范及技术标准

(1)《河湖生态环境需水计算规范》(SL/Z 712—2014)。

(2)《水电工程生态流量计算规范》(NB/T 35091—2016)。

(3)《河湖生态修复与保护规划编制导则》(SL 709—2015)。

(4)《河湖生态需水评估导则（试行）》(SL/Z 479—2010)。

11.2.3 指导文件

(1)《中共中央　国务院关于加快推进生态文明建设的意见》(中发〔2015〕12 号)。

(2)《国务院关于印发水污染防治行动计划的通知》(国发〔2015〕17 号)。

(3)《水利部关于做好跨省江河流域水量调度管理工作的意见》(水资源〔2018〕144 号)。

(4)《水利部办公厅关于开展河湖生态流量（水量）研究工作的通知》(办资源〔2018〕137 号)。

(5)《关于 2019 年重点河湖生态流量（水量）研究及保障工作方案

的通知》（办资管〔2019〕4号）。

（6）《关于印发2019年重点河湖生态流量（水量）保障实施方案编制及实施有关技术要求的通知》（水总研二〔2019〕328号）。

（7）《水利部关于做好河湖生态流量确定和保障工作的指导意见》（水资管〔2020〕67号）。

11.2.4 有关规划及技术文件

（1）《松花江和辽河流域水资源综合规划》（国函〔2010〕118号）。

（2）《松花江流域综合规划（2012—2030年）》（国函〔2013〕38号）。

（3）《诺敏河流域水量分配方案》（水资源〔2016〕267号）。

（4）《诺敏河流域综合规划》（水规计〔2020〕58号）。

11.3 基本原则

一是尊重自然、科学合理。尊重河流自然规律与生态规律，按照河湖水资源条件、生态功能定位与保护修复要求，结合现阶段经济社会发展实际，把水资源作为最大的刚性约束，严格控制河湖开发强度，科学合理确定河流生态流量（水量）目标。

二是问题导向、讲求实用。针对目前河流生态流量（水量）和水资源调配管理工作中的薄弱环节和实际问题，把保障河流生态流量（水量）同控制流域水资源开发利用规模与强度、水资源合理配置、流域水量调度管理和生态保护等需求相结合，确保成果能够直接服务于水资源调配与生态流量监管的实际工作。

三是统筹兼顾、生态优先。兼顾上下游、左右岸和有关地区之间的利益，合理调度水资源，统筹生活、生产、生态用水，优先满足城乡生活、河道内生态用水，处理好水资源开发与保护的关系，严格控制水资源开发强度，保障河流基本生态用水，维护河流生态安全。

四是落实责任、强化监管。明确生态流量（水量）控制断面保障责任主体，落实生态流量保障情况主体责任，依法加强生态流量（水量）监测管理，强化工作措施，严格监督考核和问责，确保生态流量（水量）目标落到实处。

11.4 控制断面

11.4.1 考核断面

根据《水利部关于做好河湖生态流量确定和保障工作的指导意见》（水资管〔2020〕67 号），并结合《松花江和辽河流域水资源综合规划》《松花江流域综合规划（2012—2030 年）》《诺敏河流域综合规划》《诺敏河流域水量分配方案》等成果中已经明确生态流量要求的控制断面，综合考虑诺敏河水资源及其开发利用、水量调度管理等情况，确定古城子断面为诺敏河生态流量考核断面，详见表 11.4-1。

表 11.4-1 考核断面基本情况表

断面	位 置	断面性质
古城子	甘南县查哈阳乡灯塔村	水文站断面

11.4.2 管理断面

本次选取对考核断面生态流量保障和流域出口下泄水量具有作用的控制断面作为管理断面，主要为取水量在 1000 万 m^3 以上的取水工程，共计 7 处。诺敏河管理断面基本情况见表 11.4-2。

表 11.4-2 诺敏河管理断面基本情况表

断 面	位 置	断面性质	行政区	监测情况
阿兴灌区渠首	莫旗阿尔拉镇	工程断面	内蒙古自治区	取水闸计量
得力其尔灌区渠首	阿荣旗得力其尔乡	工程断面	内蒙古自治区	拦河闸计量
六家子灌区渠首	阿荣旗亚东镇六家子村	工程断面	内蒙古自治区	拦河闸计量
兴安灌区渠首	阿荣旗兴安镇	工程断面	内蒙古自治区	拦河闸计量
团结灌区渠首	诺敏河左岸分水口下游 2.9km	工程断面	内蒙古自治区	拦河闸计量
汉古尔河灌区渠首	诺敏河左岸分水口下游 2.9km	工程断面	内蒙古自治区	拦河闸计量
查哈阳灌区渠首	甘南县查哈阳镇东北	工程断面	黑龙江省	拦河闸计量

11.5 生态保护对象

根据《松辽流域重要河湖生态流量保障方案》，诺敏河流域主要控制断面下游无与水相关的省级及以上自然保护区、国家级水产种质资源保护区、国际及国家重要湿地等生态敏感区分布，无敏感生态保护对象，生态保护需求类型为河流廊道功能维护，主要以维持河流基本形态、基本生态廊道、基本自净能力等为主。

第12章

生态流量保障实施方案

12.1 生态流量目标及确定

12.1.1 天然径流系列分析

《诺敏河流域水量分配方案》对诺敏河流域1956—2000年的径流系列进行了代表性分析，分析结果表明其具有较好的代表性。

为满足本次生态流量目标确定的要求，统计了古城子考核断面天然径流1980—2016年（短系列）与1956—2000年（长系列）多年平均径流量，详见表12.1-1。1980—2016年与1956—2000年天然多年平均径流量相比，古城子断面多年平均径流量减少1.8%，变化幅度小于10%，考虑到与《诺敏河流域水量分配方案》的一致性，本方案生态流量计算原则上采用1956—2000年天然径流系列。

表12.1-1　　考核断面不同系列天然多年平均径流量对比表

断面	径流系列	统计年数/年	平均径流量/万 m^3
古城子	1956—2000年（长系列）	45	479844
	1980—2016年（短系列）	37	471111
	短系列与长系列相差/%		−1.8

12.1.2 主要原则与方法

12.1.2.1 主要原则

根据《松花江和辽河流域水资源综合规划》《松花江流域综合规划(2012—2030年)》以及《诺敏河流域水量分配方案》等成果(以下简称“有关成果”)中明确的控制断面生态基流，补充完善有关生态流量指标值，并结合近年来水资源禀赋条件变化，对已有指标值进行复核。

主要控制断面的生态流量按照以下原则分析计算：

(1) 已有成果已经明确生态流量的断面，原则上采用已有成果。古城子断面已明确生态基流，且计算天然径流系列为1956—2000年。考虑到与已有成果的一致性，本方案生态流量计算原则上采用1956—2000年天然径流系列。

(2) 根据确定的主要控制断面的生态流量，按照河流水系的完整性，统筹协调上下游、干支流，确定河流水系的生态流量。

12.1.2.2 主要确定方法

古城子断面考核目标采用《诺敏河水量分配方案》(水资源〔2016〕267号)成果。

12.1.3 生态流量目标

1. 已有成果确定的控制断面生态流量

根据《诺敏河水量分配方案》(水资源〔2016〕267号)，古城子断面的生态基流：冰冻期为2.65m^3/s、非冰冻期为31.28m^3/s；基本生态环境需水量：冰冻期为2774万m^3，非汛期为32974万m^3，汛期为49461万m^3。具体详见表12.1-2。

2. 考核断面多年平均流量

古城子断面1956—2000年多年平均流量详见表12.1-3。

3. 生态流量目标确定

生态基流目标采用已批复的《诺敏河水量分配方案》(水资源〔2016〕267号)成果，按照冰冻期、非汛期、汛期3个时期分别确定古城子断面生态基流目标，详见表12.1-4。

表 12.1-2 已有成果确定的古城子断面需水控制指标表

断面	年均径流量/万 m^3	生态基流/(m^3/s)		基本生态环境需水量/万 m^3			目标生态环境需水量/万 m^3
		冰冻期（12 月至次年 3 月）	非冰冻期（4—11 月）	冰冻期（12 月至次年 3 月）	非汛期（4—5 月、10—11 月）	汛期（6—9 月）	
古城子	479844	2.65	31.28	2774	32974	49461	288015

表 12.1-3 考核断面多年平均流量表 单位：m^3/s

断面	汛期（6—9 月）	非汛期（4—5 月、10—11 月）	冰冻期（12 月至次年 3 月）	全年
古城子	337.28	107.99	10.21	152.22

表 12.1-4 考核断面生态基流目标表 单位：m^3/s

断面	汛期（6—9 月）	非汛期（4—5 月、10—11 月）	冰冻期（12 月至次年 3 月）
古城子	31.28	31.28	2.65

针对诺敏河流域无控制性水利工程，且干流主要农业取水户均在 5—9 月取水的特点，除 5—9 月外的月份无法通过工程调度来确保生态基流目标，确定本方案基本生态基流目标考核期为汛期和非汛期中的 5 月，生态基流考核目标均为 31.28 m^3/s，其他月份按照天然流量下泄。

4. 生态流量目标保证率

古城子断面生态基流目标保证率为 90%。

12.1.4 考核断面现状生态流量保障情况评价

12.1.4.1 评价方法

采用 1980—2016 年 37 年长系列 5—9 月逐日实测流量进行评价，保障程度为 37 年 5—9 月逐日实测流量达到或超过生态基流的天数与 37 年 5—9 月实测总天数的比值。

12.1.4.2 评价结果

根据 1980—2016 年 37 年系列 5—9 月逐日实测流量分析，古城子断面非汛期 5 月生态基流满足程度为 90%，汛期 6—9 月生态基流满足程度为 98%，详见表 12.1-5。

表 12.1-5　　考核断面生态基流满足情况表

断面	非汛期（5 月）	汛期（6—9 月）
古城子	90%	98%

12.2　生态流量调度

12.2.1　调度及管控工程

为保障古城子断面生态流量和流域出口下泄满足目标要求，纳入调度和管控的工程共 7 处，即阿兴灌区取水枢纽、得力其尔灌区取水枢纽、六家子灌区取水枢纽、兴安灌区取水枢纽、团结灌区取水枢纽、汉古尔河灌区取水枢纽、查哈阳灌区取水枢纽。

12.2.2　调度规则

将古城子断面生态流量保障纳入诺敏河水量调度，在年度水量调度计划实施过程中，满足生态流量管控要求。

水量调度按照诺敏河年度水量调度计划执行。年度水量调度计划制定时应充分考虑保障古城子断面生态流量目标的需要，加强用水需求管理，在确保生活和生产用水的同时，保障古城子断面生态基流。

水量调度应服从防洪调度，区域水量调度应服从流域水量调度，灌溉等工程运行调度应服从水量统一调度。

12.2.3　控制性工程调度方案

诺敏河流域现状无大型蓄水工程，流域重要水利工程主要为引水工程，当古城子断面生态基流不满足要求时，需要引提水工程进行合理调度，所有拦河闸不得将河道水流全部拦截，需要预留下泄出口，保证河道内水流贯通。

正常年份，当古城子断面不满足生态基流时，需要对管控工程取水量按计划取水量同比例削减，削减比例根据当年来水情况和断面流量实际情况确定。特殊干旱年时，河道内生态流量和河道外取水进行同比例破坏，破坏比例根据当年来水情况和古城子断面流量实际情况确定。

12.2.4 河道外用水管理

正常来水情况下，古城子断面生态基流可以达标，松辽水利委员会组织黑龙江省和内蒙古自治区按照诺敏河年度水量调度计划确定的省区分配用水进行管控，严格各控制断面以上取水管理，加强断面流量监测。

特枯水年或连续枯水年时，根据断面以上来水、区间产水，优先保障城乡居民基本生活用水，考虑控制断面的生态基流指标要求，对管控的取水工程按计划取水量同比例削减，尽量确保古城子断面生态基流。涉及河道外取水的管理断面管控要求如下。

1. 阿兴灌区渠首

阿兴灌区渠首采用取水闸取水，在正常年份取水不得超过批复水量；当遇特枯水年或连续枯水年时，需要对灌区取水进行削减，削减比例按照年度调度计划和应急调度指令确定。

2. 得力其尔灌区渠首

得力其尔灌区渠首采用拦河闸取水，在正常年份取水不得超过批复水量，拦河闸不能将诺敏河干流全部拦截，需预留河水下泄出口保证河流畅通；当遇特枯水年或连续枯水年时，需要对灌区取水进行削减，削减比例按照年度调度计划和应急调度指令确定。

3. 六家子灌区渠首

六家子灌区渠首采用拦河闸取水，在正常年份取水不得超过批复水量，拦河闸不能将诺敏河干流全部拦截，需预留河水下泄出口保证河流畅通；当遇特枯水年或连续枯水年时，需要对灌区取水进行削减，削减比例按照年度调度计划和应急调度指令确定。

4. 兴安灌区渠首

兴安灌区渠首采用拦河闸取水，在正常年份取水不得超过批复水量，拦河闸不能将诺敏河干流全部拦截，需预留河水下泄出口保证河流畅通；当遇特枯水年或连续枯水年时，需要对灌区取水进行削减，削减比例按照年度调度计划和应急调度指令确定。

5. 团结灌区渠首

团结灌区渠首采用拦河闸取水，在正常年份取水不得超过批复水量，拦河闸不能将诺敏河干流全部拦截，需预留河水下泄出口保证河流畅通；当遇特枯水年或连续枯水年时，需要对灌区取水进行削减，削减比例按照年度调度计划和应急调度指令确定。

6. 汉古尔河灌区渠首

汉古尔河灌区渠首采用拦河闸取水，在正常年份取水不得超过批复水量，拦河闸不能将诺敏河干流全部拦截，需预留河水下泄出口保证河流畅通；当遇特枯水年或连续枯水年时，需要对灌区取水进行削减，削减比例按照年度调度计划和应急调度指令确定。

7. 查哈阳灌区渠首

查哈阳灌区渠首采用拦河闸取水，在正常年份取水不得超过批复水量，拦河闸不能将诺敏河干流全部拦截，需预留河水下泄出口保证河流畅通；当遇特枯水年或连续枯水年时，需要对灌区取水进行削减，削减比例按照年度调度计划和应急调度指令确定。

12.2.5 常规调度管理

12.2.5.1 年度水量调度计划编制及备案

诺敏河年度水量调度计划由松辽水利委员会组织编制。黑龙江和内蒙古两省（自治区）水利厅负责汇总辖区内年度用水计划建议，按规定报送松辽水利委员会。松辽水利委员会根据《诺敏河流域水量分配方案》《诺敏河水量调度方案》和年度预测来水量，依据水量分配与调度原则，在综合平衡年度用水计划建议和工程运行计划建议的基础上，制定下达年度水量调度计划并报水利部备案。

黑龙江和内蒙古两省（自治区）根据松辽水利委员会下达的年度水量调度计划，组织辖区内水量调度，结合径流预报情况，严格取用水管理，强化工程调度，确保断面流量达到规定的控制指标。

诺敏河年度水量调度计划调度期为5—9月，即5月1日至9月30日止，以旬为单位进行调度，采用年度调度计划和实时调度指令相结合的调度方式。

12.2.5.2 实时调度指令制定及下达

密切跟踪监视诺敏河流域水情、雨情、墒情、旱情及引水等情况，预测其发展趋势，根据需要在诺敏河年度水量调度计划基础上下达实时调度指令，合理控制取水口引水，确保古城子断面生态基流达标。

12.2.6 应急调度预案

当遇特枯水、连续枯水年时，统筹流域内生态需水、生产用水、生活用水，优先保障城乡居民基本生活用水，切实保障河道生态基流。

黑龙江省和内蒙古自治区水行政主管部门按照规定的权限和职责，开展诺敏河流域相应辖区内水量应急调度；引提水工程运行管理单位服从诺敏河流域水资源统一调度和管理；各类河道外取水户按照要求削减取用水量，尽量确保古城子断面生态基流达标。

诺敏河流域主要取水工程概化图见图12.2-1。

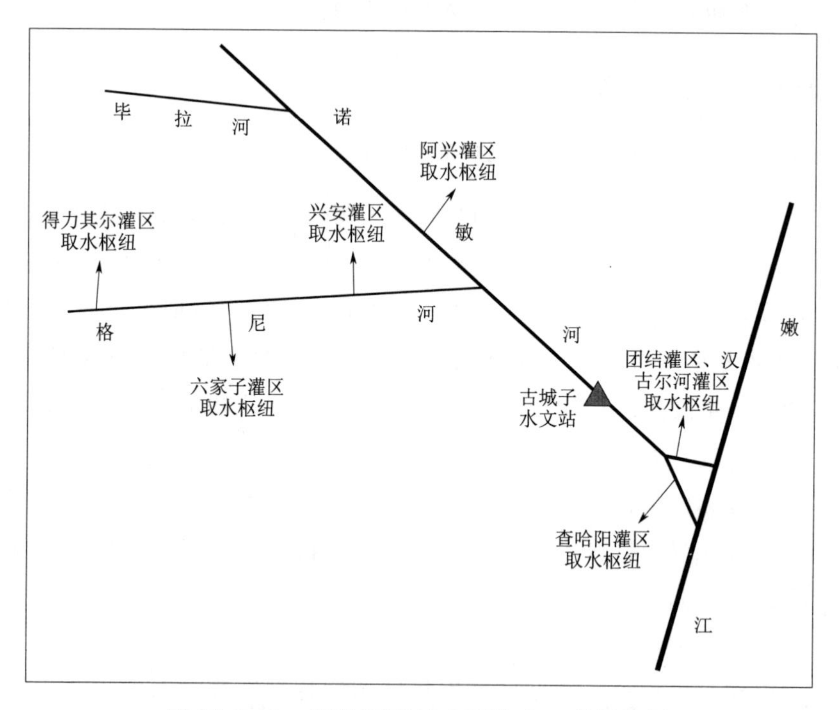

图12.2-1 诺敏河流域主要取水工程概化图

12.3 生态流量监测及预警方案

12.3.1 监测方案

12.3.1.1 监测对象

本方案以考核断面为监测重点，兼顾管理断面的监测。

1. 重点监测断面

重点监测断面为古城子考核断面。可以依托已有水文站点对断面下泄量进行监控。古城子断面监测数据依托古城子水文站获取，监测单位为黑龙江省水文水资源中心齐齐哈尔分中心，详见表12.3-1。

古城子水文站水情信息报送应严格执行《水情信息编码标准》（SL 330—2011），按要求报送每日流量。各站应加强对拍报内容的校核和对水位-流量关系曲线及本站测站特性分析，实测流量资料应在及时校核后拍报，切实做到“四随四不”，提高拍报质量和精度。

古城子水文站应保证信息通道的正常运行，加强报汛质量管理，认真落实水情拍报应急措施，保障灌溉期水情拍报质量和时效。

通过全国“水情信息交换系统”，实现松辽水利委员会及内蒙古、黑龙江两省（自治区）关于古城子断面每日流量等水情信息的共享，保证生态流量工作的顺利开展。

表12.3-1　　考核断面监测数据来源情况表

断面	断面性质	断面位置	监测数据来源	监测单位
古城子	水文站断面	黑龙江省甘南县查哈阳乡灯塔村	古城子水文站	黑龙江省水文水资源中心齐齐哈尔分中心

2. 兼顾监测断面

兼顾监测断面为阿兴灌区渠首、得力其尔灌区渠首、六家子灌区渠首、兴安灌区渠首、团结灌区渠首、汉古尔河灌区渠首、查哈阳灌区渠首等7个管理断面。管理断面为已建农业灌区取水口断面，各取水口应安装符合有关法规或者技术标准要求的取水计量设施，并保证设施正常使用和监测计量结果准确、可靠。

12.3.1.2 监测内容

为有效落实诺敏河水量分配方案和水量调度方案中生态流量要求，保障诺敏河生态环境良好状态，需要对古城子断面进行监测，监测内容为古城子断面灌溉期生态基流。

12.3.1.3 监测方式

1. 重点监测断面

古城子断面监测频次为日监测。流量如有较大波动变化，要按照实际情况加测。

2. 兼顾监测断面

阿兴灌区渠首、得力其尔灌区渠首、六家子灌区渠首、兴安灌区渠首、团结灌区渠首、汉古尔灌区渠首、查哈阳灌区渠首7个断面，相应的取水口安装有取水计量设施，监测内容为实时流量，监测频次为日监测。

待各管理断面建设下泄水量监测设施后，兼顾监测断面的监测内容为流量，监测频次为日监测。流量如有较大波动变化，要按照实际情况加测。

12.3.1.4 报送流程

1. 重点监测断面

古城子断面为水文站断面，其下泄流量详细监测数据由监测单位通过全国“水情信息交换系统”实时报送松辽委。

2. 兼顾监测断面

阿兴灌区渠首、得力其尔灌区渠首、六家子灌区渠首、兴安灌区渠首、团结灌区渠首、汉古尔河灌区渠首、查哈阳灌区渠首7个断面取水流量详细监测数据由监测单位直接报送松辽水利委员会。已有数据平台等网络传送基础的，取用水监测计量信息应通过平台实时报送；尚未建立数据传送平台的，可采用工作信息专报（表）的形式报送。

12.3.2 预警方案

12.3.2.1 预警层级

综合考虑诺敏河水资源及工程特点、监测能力、预警处置能力等，合理设置诺敏河生态流量预警层级。古城子断面设置2个生态流量预警层级，即蓝色预警和红色预警。

12.3.2.2 预警阈值

古城子断面蓝色预警阈值按照生态基流目标值的100%～110%设置，红色预警阈值按照生态基流目标值的100%设置。古城子断面预警层级与预警阈值见表12.3-2。

表12.3-2 古城子断面预警层级与预警阈值表 单位：m^3/s

断面	蓝色预警	红色预警
	5—9月	5—9月
古城子	$31.28 \leqslant Q \leqslant 34.41$	$Q < 31.28$

注：Q为古城子断面实时监测流量。

12.3.2.3 预警措施

1. 流量日常监测

黑龙江省水文局齐齐哈尔分局要加强古城子断面下泄流量日常监测以及监测数据收集、整理、分析、报送工作。

2. 信息报告

当古城子断面下泄流量低至预警值时，监测单位应立即将有关情况报送监管责任主体。

3. 预警发布

监管责任主体通过电话、微信、当面告知等渠道或方式向考核断面保障责任主体及监测单位、沿河主要取水口管理单位发布预警信息。

4. 预警状态调整

监管责任主体与各考核断面监测单位保持密切联系，通过考核断面下泄流量监测信息调整预警状态，并及时告知保障责任主体及监测单位、沿河主要取水口管理单位。

5. 预警响应措施

结合古城子断面以上来水情况和取水工程情况，制定针对古城子断面发生生态流量预警事件时相应的响应措施。

发生生态流量预警时，监测单位应加密控制断面下泄流量监测频次；保障责任主体应加强沿河取水口取水量监控，同时组织专业人员开展调查分析工作，及时查明生态流量预警原因，有针对性地制定解决方案，并监督实施，尽快解除预警。

古城子断面是内蒙古自治区、黑龙江省界断面。断面以上汇入诺敏河的较大支流格尼河。断面以上主要取水工程包括阿兴灌区渠首、得力其尔灌区渠首、六家子灌区渠首、兴安灌区渠首等。

当古城子断面预警层级为蓝色时，监管责任主体应提醒保障责任主体控制沿河取水口取水量，尽量避免出现红色预警情况。当古城子断面预警层级为红色时，监管责任主体向保障责任主体发布红色预警，保障责任主体管控沿河工农业生产用水取水，尽快解除预警状态。

12.4 责任主体与考核要求

12.4.1 责任主体

12.4.1.1 保障责任主体

古城子断面生态基流保障责任主体为内蒙古自治区呼伦贝尔市人民政府。呼伦贝尔市水利局负责辖区内的水量调度工作，根据诺敏河水量调度方案，加强辖区内用水总量控制，严格取水许可，确保古城子断面生态基流。

12.4.1.2 监管责任主体

古城子断面生态基流监管责任主体为松辽水利委员会，负责断面生态流量保障的监督检查，每年定期或不定期开展现场检查，密切跟踪断面流量，发生生态流量预警事件时，组织实施应急调度。要落实监管责任，强化督查检查。松辽水利委员会依托国家水资源监控平台等，以现场检查、台账查询、动态监控等方式，对控制断面生态流量进行监管，日常调度管理中生态基流按日均流量监管，每月月初统计上月诺敏河古城子断面生态基流达标情况，并通报内蒙古、黑龙江两省（自治区）。古城子断面生态基流达标情况统计见表 12.4-1。

表 12.4-1　古城子断面生态基流达标情况统计

河流		诺敏河
断面		古城子
5—9 月	生态基流指标/（m^3/s）	31.28
	最小流量	
	未达标天数	
	发生时间	

注：生态基流达标情况统计需按月填写。

12.4.2 考核评估

12.4.2.1 考核断面

确定古城子断面作为诺敏河生态基流考核断面。

12.4.2.2 考核评价办法

考核内容：生态基流。

评价时长：每年考核一次，考核评价时长为日。

评价指标：满足程度。

生态基流考核采用日均流量，按照当年实际来水情况进行考核。当发生来水偏枯及区域干旱、突发水污染等应急突发事件或防汛调度期间，按有关规定执行。考核结果以日满足程度为依据。

日满足程度采用日均流量大于等于生态基流的时段数占总时段数的比值进行计算。年实测日均流量监测样本总数为 153。

根据考核断面生态流量监测数据，计算生态基流日满足程度，通过诺敏河主要控制断面生态基流日满足程度的比较，对各控制断面的责任主体进行考核，考核结果划分为“合格”和“不合格”两个等级。生态基流的日满足程度大于等于 90%，等级为“合格”；生态基流的日满足程度小于 90%，等级为“不合格”。生态基流年度考核统计详见表 12.4-2。

表 12.4-2 生态基流年度考核统计表

断面		古城子
生态基流指标/ (m^3/s)		
年度满足程度	总考核时段数	153
	总达标时段数	
	未达标时段数	
	满足程度/%	

注：表中流量为日均流量；生态基流指标详见表 12.1-3。

12.4.2.3 考核评价流程

诺敏河生态基流保障考核工作，由松辽水利委员会按照水利部有关生态基流考核要求，结合最严格水资源管理制度考核，对诺敏河生态基流保障目标落实情况进行考核。每年 12 月底前，将年度考核评价报告报送水利部。

除年度考核工作之外，松辽水利委员会每年定期或不定期组织开展日常监督检查工作，监督检查结果计入年度考核评价报告。年度考核等级为“合格”的控制断面，对相关保障责任主体予以通报表扬；年度考核等级为“不合格”的控制断面，相关保障责任主体单位应根据实际情况分析控制断面生态流量不满足的原因，查找存在的问题，提出整改措施，向松辽水利委员会提交书面报告。

第 13 章

生态流量保障实施方案的保障措施

13.1 加强组织领导，落实责任分工

诺敏河生态流量保障实施涉及的管理单位（部门）包括松辽水利委员会、内蒙古自治区政府、黑龙江省政府、沿河取水工程管理单位等。内蒙古自治区、黑龙江省人民政府应将诺敏河生态流量保障作为推进生态文明建设、加强河湖生态保护和落实河长制的重点工作目标任务，按照《诺敏河生态流量保障实施方案》，组织实施诺敏河生态流量保障工作。根据生态流量保障工作目标和任务，明确各责任主体职责；各政府部门应落实主要领导负责制，加强组织领导，明确任务分工，逐级落实责任。

13.2 完善监管手段，推进监控体系建设

加快生态流量调度实时监控系统建设，完善诺敏河生态流量控制断面的监控站点建设，对诺敏河生态流量主要控制断面下泄水量、沿河主要取水口取退水进行实时监控。积极推动生态流量信息平台建设，结合全国“水情信息交换系统”、取水工程（设施）核查登记信息平台等，与

生态流量监测预警系统进行耦合，通过网络互联、数据共享、程序调用等方式，建立集信息发布、监测预警、考核评估等多种功能于一体的生态流量管控信息平台。

13.3 健全工作机制，强化协调协商

促进部门的沟通协商、议事决策和争端解决。完善水资源统一调度和配置制度，建立生态流量调度管理制度。在统一调度管理制度中明确各单位和部门的生态流量保障管理事权、生态流量调度计划等。建立信息共享制度，通过建立生态流量监控信息平台，实现诺敏河生态流量保障相关数据和信息的交互和传递。建立生态流量补偿机制，尽快出台生态流量保障的意见，适当运用生态补偿手段，从政策和资金上予以补助，鼓励和引导工程运行管理单位做好生态流量保障工作。

13.4 强化监督检查，严格考核问责

生态流量保障由松辽水利委员会负责组织监督，并按照水利部有关生态流量考核要求开展考核评估，各省（自治区）人民政府水行政主管部门应对省内取用水进行监督管理，严格落实年度取用水计划，诺敏河生态流量调度与监测预警管理协调小组应将主要控制断面生态流量保障情况向各省（自治区）水行政主管部门、主要控制断面对应河段的河长通报。松辽水利委员会定期或不定期组织开展生态流量监督检查专项行动，对日常监督管理情况、监测监控预警情况和控制断面生态基流目标的满足情况进行检查督查，对存在的问题提出整改要求，并督促整改落实。

按照水利部有关生态流量考核要求开展诺敏河生态流量保障考核评估工作，考核结果作为最严格水资源管理制度和河长制工作的重要依据，建立生态流量保障考核制度体系。通过严格考核评估和监督，强化生态流量保障在最严格水资源管理制度和河长制工作中的地位，督促落实各级政府职责，确保诺敏河生态流量保障工作落到实处。